管相處的
必備通靈術

我在哪？我是誰？主管講什麼我為什麼都聽不懂！

俞姿婷 宋希玉 著

與主管的距離就像炒菜一樣，太旺，你的前途就燒焦了

當主管出現錯誤時……
面對主管，你不應該……
主管面前，謹慎、謹慎、再謹慎！
和糟糕的主管相處，應該要……

崧燁文化

目錄

目錄

目錄

前言

與人能好好相處，靠的是技巧，與主管相處，更是一門高深的學問。每個人都有直接影響他前程、事業和情緒的主管。你能與主管和睦相處，對你的身心、前途有極大的影響。對於一個職場人來說，一個欣賞你的主管會充分幫助你一步步的成長，為你未來的職業發展奠定基石。

人們並非為了討好主管而工作，與不同性格的主管相處，必須學會不同的應對招數，才能保證你的工作能正常進行。事實的確如此，工作中，每個人都要同主管打交道。雖然從本質上講，主管與下屬是同事之間的關係，然而在工作上，卻有著上下級之分。可以說，如何學會正確與主管相處，直接關係到工作的順利開展與個人的成長進步。

自古以來我們就聽過「伴君如伴虎」，尤其是作為直接與主管接觸的下屬更是深陷其中。與主管相處，稍有不慎，就會弄巧成拙，惹得主管「龍顏大怒」，最後往往使當事人「偷雞不著蝕把米」，或者是「丟了飯碗」，讓人扼腕頓足，異常惋惜。當然，如果能夠靈活與主管相處，下屬也能夠「借力使力」，達到四兩撥千斤的效果，不僅讓自己步步高升，使自己的人生價值快速得到展現，從而讓自己的行銷思路、主張、方法能夠快速落實並得到有效執行。

許多時候，一提起下屬和主管的關係，很多人都喜歡把它庸俗化。認為下屬和主管打關係，就是巧言令色、溜鬚拍馬、結黨營私，是為人不齒、見不得光的事。其實，下屬和主管本身就是一種關係，是客觀存在的，不是想搞不想搞的問題，而是如何把它搞得更好的問題。另一方面，在很多員工的眼中，主管總是一無是處：脾氣不好、難以溝通，給員工報復，處理事情不公平，善於鑽營，挑剔員工的工作，過於遷就客戶等等。下屬看不起主管，抱著「你當年還不如我」這種狹隘的想法，其實是下屬最自不量力的表現。須知能當領導者，必有其可讚之處。

其實，作為一名主管，無不希望得到能力強、素養高，能夠配合好工作、完成好任務的下屬的協助。因此，作為下屬，工作中一定要有很強的主觀能動性。拿出具體可行的方案供主管選擇定奪，協助主管把各項工作做好。可是，為什麼付出的勤奮努力相差無幾，有些人能很快脫穎而出，有些人卻不受青睞？因為前者明白，勤懇努力很重要，但讓主管關注到自己的所有努力更重要；有些下屬心費不少、工作沒少做，但在主管那裡卻未得到多少稱許或賞識，個中原因值得三思。一般說這主要是因為你的想法或做法與上級主管的想法不合、缺乏默契，不合主管個性。

對下屬而言，健康良好的心態，對上級意圖和情況的準確把握和恰當的策略方法，有利於個人的身心健全，培養健全的人格；有利於與上級建立良好的人際、工作關係，提升處理複雜問題的能力；有利於出色的發揮下屬的職能與作用。

無論如何，主管也是人，不是神，也有七情六慾、喜怒哀樂，也有脾氣、有偏好、有壞毛病、有人情世故、有家常瑣事。這就自然決定不同的主管會有不同的性格特點，聰明的下屬只要把握了自己主管的具體個性，唱那些主管最喜歡聽的歌、就不難與其積極、主動的相處，令主管舒心，自己放心。

這是一本打造高素養職場人士的經典之作，一本塑造下屬與主管和諧相處的指南。本書為所有職場人士提出了由自身到外部一整套合理、實用的方式、方法，讓你學會、達到與主管相處的最佳境界。

第一章　善於向主管學習

身處這樣一個激烈競爭的時代中，「比他人學得快的能力」是唯一能保持的競爭優勢。向主管學習，就可以變得更優秀，獲得更多成功的機會。好下屬不會錯過這樣的學習機會。他們會從主管的一言一行、一舉一動中觀察處理事情的方法。

主管就是你最好的榜樣

《致加西亞的信》一書的作者阿爾伯特．哈伯德曾說過：一個好主管會讓你受用無窮。

「古往今來，由於主管的表率作用，大到統兵作戰，斬關奪隘，攻無不克；小到潛移默化，為人師表，成為示範千古的做人楷模，可說是比比皆是。我的主管雖沒有像戰國名將吳起那樣親自為傷口化膿的士兵吸吮膿水，但他告訴我做生意的技巧和經商的道德，對此我十分感激。後來我升遷了，然而，卻引起了其他人的嫉妒，隨之攻擊我的流言蜚語也不斷傳出。這給我帶來一種如負重袱的感覺。

「但是，我經過深思熟慮之後，覺得也沒有什麼可煩惱的。每個人從模仿中學習比從其他方式所學到的知識要多得多。大部分人會注意傾聽、觀察，然後模仿他人的言行舉止。你辦事的方式、一舉一動的樣子，不都是跟你的父母學的？同樣，你的心理、處世哲學也多是從那些對你有影響的人──父母、老師那裡學來的。我向主管學習，不是因為他是主管，而是因為他優秀──我為自己能遇到這樣一位主管而慶幸。」

每個人在自己的內心深處都會有一個崇拜者。我們願意崇拜和學習那些離我們遙遠的偉人，卻往往忽略了近在身邊的智者。也許是出於嫉妒，也許是由於利益的衝突，我們忽視了那些每天都在督促我們工作的主管──那些最值得學習的人。因此，你也應該懂得：

徒弟長時間跟隨著師父，學徒耐心的向師父學習，學生借著協助教授做研究而提高，剛剛入門的藝人花費時間和卓有成就的藝術家相處——都是借著協助與模仿。換句話說，你在一個公司裡，你能不能向你的主管虛心學習，是關係到你將來能不能有在發展的關鍵。

好下屬不會錯過學習的機會

先哲孔子曾經說過：「知之為知之，不知為不知，是知也。」學問越深，未知越重；越是學識淵博，越要虛懷若谷。美國現代物理學家費曼說：「科學家總是與疑難和不確定性打交道的。」當一個科學家不知道一個問題的答案時，他就是不知道；當他有了大概的猜測時，他的答案也是具有不確定性的；即使他對自己的答案胸有成竹時，他也會對質疑留有餘地。對科學家來說，承認自己的無知，使自己的結論留有被質疑的餘地，是科學發展所必需的。學習只有秉持這樣的科學態度，才能不斷「格物致知」，獲得新認識，達到新境界。

不管你是一個剛畢業的大學生還是久經職場的老將，在工作上都會碰到自己不懂的問題，這時候，你千萬不要錯過向主管學習的機會，也就是說，向主管請教、虛心學習為上上之策。這樣做不僅在主管心中你會是一個認真對待工作的員工，而且也會覺得你很謙和，也會對你留有好印象。

初入一家公司時，對公司的特點、營運方式尚不熟悉，工作中會遇到很多困難，要敦促自己迅速進入角色。遇到不懂的問題時，不妨直說「我不懂」、「我還不太明白」，或向有經驗的主管討教，無論對方學歷有沒有你高。不懂裝懂或拋開問題不管，是最不可取的做法，那樣的話，你就只有等著「老牛拉破車」般的在事業發展的道路上慢慢殘喘。

賴庭輝以「海歸」的身分來到一家公司，他是滿懷信心而來，覺得自己在美國讀了這麼多年的書，終於可以派上用場了。

同事聽說來了一個「海歸」，都在觀望著，想看看這個「海歸」能搞出點什麼名堂來。賴庭輝對待工作十分認真，不過，他還是發覺書本上的東西與實際問題有很大的出入，怎麼辦？他也知道大家都在看著他，他是所在部門學歷最高的人，他曾一度為這個問題煩惱不已。自己面對著工作中出現的難題，埋頭鑽研了好幾天，也沒有一點成效；向主管請教？他又覺得是不是很沒有面子，自己是「海歸」，人家會不會笑話他呢？這時候，賴庭輝抬頭看了一眼周圍的同事，他們都在緊張的忙碌著，工作效率那麼高，而自己呢？轉念一想，有不懂的地方就應該問，是「海歸」又怎麼樣，畢竟自己是一個新人，不懂裝懂才是大錯而特錯的。想到這樣，賴庭輝站起來，向主管走了過去。主管不但沒有笑話他，而且還很耐心的給他解疑答難，最後說道，我們都是一個整體，在工作中團隊協作得好，力量才大。

逐漸熟識了之後，大家在一起聊天，有一位同事開口了，賴庭輝，你知道嗎？當你第一次站起來，向主管請教問題的時候，我們都很佩服你，因為你並沒有認為自己是「海歸」而就高人一等，也正因為這樣，你在大家心中的印象很好。

剛剛進入公司的員工，在明確自己的職業發展目標和方向的前提下，最重要的是對自己有效的工作經驗的累積，實現從一個「學生」變成「職場人」，不論你是畢業於哪個知名大學，擁有多高的學歷，不懂裝懂永遠都是一知半解，有不懂的地方就需要向主管請教，逐步提煉自己的職業專業和競爭優勢，只有這樣，才是保證職場順利發展的有效手段。

人都是學而知之，不可能生而知之，想要成為一名優秀的員工就在於虛心好學、求知若渴、孜孜以求，虛假是過不了關的。對不知道的東西，不要不懂裝懂，這樣永遠都不會成為一個合格、卓越的員工。這是做工作乃至做人的一個最起碼的要求。

周天偉是公司裡的資深員工，他對專業技能的掌握程度可謂無人能及，不過，由於年齡的關係，對於新鮮事物的接受與理解也自然有點心有餘而力不足。特別是電腦、網路的介入，周天偉越來越感覺到自己需要學習的地方太多了。

有些時候，對於電腦裡出現的單字，周天偉都要向主管或同事問一問是什麼意思、怎麼發音，自己在下面弄半天，同事們都說老周，這些你不必太在意，有事我們會幫你解決的。老周卻總是這樣說，不行啊，該我會的東西一定要弄明白，我雖然老了，可是我還不想被淘汰。大夥對於老周的這種態度都很欽佩，主管還特意表揚了他的這種學習精神，老周並沒有覺得自己資歷老，就倚老賣老，把自己不懂的問題丟給別人，他也沒有把向主管、同事請教當作一個丟人的事，不懂就問，做工作就需要這樣的態度，不懂裝懂永遠沒有一個好的結果。

工作中誰都會遇到自己不懂的問題，一個人的能力終究有限，這時候不妨多向主管請教，無論長幼尊卑，沒人會笑話你，這也是職場上所需要的一種工作態度。

李萬通有個好為人師的毛病，總喜歡對別人的學習指揮，而且別人有問題，不管自己是不是真懂，總喜歡妄加指點以顯示自己沒有什麼不通的，結果可想而知，常常鬧出笑話！

這不，前兩天小剛來問主管「大頭」自己的工具機上的加壓泵為什麼一發熱就會漏油的問題，「大頭」還沒來得及回答，李萬通卻搶先發話了：「這有何難，且聽我慢慢給你道來！」接著仗著自己的三寸不爛之舌，唾沫亂濺的說起來，把小剛說得是迷惑不解不知所云，可又怕李萬通說自己太笨，只好不懂裝懂的道謝而去！真是無巧不成書，第二天，儘管小剛在工具機前忙了半天，結果可想而知，小剛慘敗而歸！於是來找李萬通理論，正在二人爭論得臉紅脖子粗時，「大頭」發話了：「工作上要知之為知之，不知為不知，切忌不懂裝懂和打腫臉充胖子，否則只能是死要面子活受罪……」聽了大頭的話，二人的臉漲得像個紅蘋果，連忙虛心向「大頭」請教，而且從此以後再也不敢不懂裝懂了，工作成績也一路高升！

這雖是一則笑話，不過卻有著深刻的寓意，做工作來不得半點虛假，不懂裝懂的下場只能是自食其果。

有一次，棋聖聶衛平應邀出席第三屆西南棋王賽新聞發布會，會上有一名老記者突然問：「請問聶棋聖能否用自己的圍棋經歷，來解釋本次棋賽的文化理念『上善若水』？」此問一出，但見老聶一臉茫然，如墜五里霧中。讓人吃驚的是，他沒有以名人慣用的託辭來掩飾自己的無知，而是老老實實坦承說：「我很想回答您這個問題，可是我確實不知道『上善若水』是什麼意思，所以還得先請教您。」老聶大庭廣眾不恥下問，眾人不禁鼓起掌來。

「上善若水」語出老子《道德經》，意用至清的水形容人世間最高的道德境界。聶衛平也用他的坦誠向人們顯示了其道德素養。作為名人都可以這樣無畏的承認自己不懂的問題，我們還有什麼好畏懼的呢？

錯過了一個能夠給我們以教益的機會，實在是一種莫大的不幸。只有透過向主管學習，才可能擦去生命中粗糙的部分，才可以研究成器。除了自己的家人之外，主管是與自己接觸最多的人，也是自己每天都面對的比自己優秀 的人。向一個能夠激發我們生命潛能的主管學習，其價值遠勝於一次發財獲利的機會——它能使我們的力量增加百倍。千萬不要錯過向主管學習的機會。

學習主管處理事情的方法

身在職場的人，特別是對一個有著幾年甚至是十幾年工作經歷的人來說，提起身邊的主管，可以說是很多很多，既然能夠成為主管，必有他們的過人之處。我們要說的是，你工作的這些年中，你有沒有向這些主管學一學他們身上的優點，即如何處理事情的方法。的確，主管有很多優秀的地方都是值得我們去深刻學習和研究的。

細心去研究和回憶一下，不難發現身邊的主管都有一下這些幾乎是共同的特點。首先，作為主管，大部分都具有領導者的風範，遇事沉著冷靜，不急不躁，似乎在他們眼中沒有什麼問題解決不了的，更沒有過不去的坎。這讓我們想到一句話，就是那種永遠相信方法總比問題多，不找藉口找方法的人。

孫月在上一家公司跟主管鬧得很不開心。為公司工作好幾年了，自認為業績不錯，但薪資和級別竟一直不見提升。鼓起勇氣堵著他問了好多次，主管次次臉上掛著和善的笑容：「再考慮考慮，考慮考慮！」終於有一天，孫月再也忍不住，換了一張惡臉上前：「再不加薪，我要跳槽！」誰知這次，主管和善的臉一抹，變成一張冰冷甚至仇恨的臉孔。孫月就此與他分道揚鑣。

後來，孫月就坐到了現任主管的面前。第一輪面試結束，他對孫月很滿意，問他：「為什麼離開上一家公司？」孫月撒了個謊：「因為我搬家了，過去的公司離家太遠。」第二次面試，主管劈頭就說：「我打電話問過你原來的主管。」孫月心中驀地一驚，手心裡竟然沁出了汗：「那，你不會錄取我了？」他哈哈大笑起來：「如果不要你，就不會叫你來了。我會給你想要的一切，職位、薪水，希望你好好做。」

這一做就到了現在。孫月如今也做了主管，自己會仔細傾聽下屬提出的要求，只要是合理的，就盡量滿足。只因為，孫月從主管身上學到，要善待下屬，因為他們是幫你賺錢的人。「三人行，必有我師焉」。普通的三個人之中就肯定有自己的老師，更何況是主管呢。也許，他的頤指氣使、高高在上，讓你恨不能把他打得滿地找牙，但他能夠這麼做，不會是無緣無故的。你若是個有心人，為什麼不停止抱怨，找找他之所以成為主管的原因？相信你從中得到的收益，一定比發牢騷要來得多。

知識和能力不是與生俱來的，而是從學習和實踐中來的。個人最重要的能力是什麼？是學習能力，一個人的競爭力就表現在學習力上。唯一能保持的競爭優勢是向主管學習，這是一個很重要的內容。

當你抱怨主管學歷低、沒素養、背景差、小氣吝嗇、能力不佳、窮凶極惡的時候，有沒有想過，他身上也有優點呢？試想，一個企業老闆白手起家，憑自己的本事在市場經濟的夾縫中成長，從無到有，從小到大，造就了一個大企業，難道沒有值得員工學習的地方嗎？一個國有企業老闆憑自己的能力使一個瀕臨破產的企業發展成一個知名企業，工人從面臨離職走向小康，難道沒有值得員工可以效仿的嗎？也許你會問：我們向主管學習什麼效仿什麼？那就是學習、效仿他們處理事情的方法，

江中明大學剛畢業那年，進了一家香港公司。主管比他大不了幾歲，但看上去比他專業得多。主管永遠穿著白得發亮的襯衫、筆挺的西裝，腳上一雙永遠擦得發亮的皮鞋，頭髮梳得一絲不亂，氣宇軒昂的出現在眾人面前。有時，為了趕訂單不得不通宵加班，結束時員工們個個蓬頭垢面、睡眼迷離，唯獨他，西裝還是筆挺筆挺的，頭髮仍然整整齊齊，連眼神也還是堅定而精神的。

有商務合作者上門拜訪時，主管風度翩翩的走進來，不急著說話，臉上漾開淡淡的一笑，那種自信和從容，往往一下子就能把合作者鎮住。

江中明不得不承認，主管是一個合格的管理者，但不是一個優秀的生意人，無論在對內管理上，還是對外談判上，都缺乏必要的手段和技巧。所以，雖然下屬及員工們百般挽救，卻依然擋不住公司倒閉的頹勢。宣布倒閉的那一天，員工們正在收拾東西，眼前白光

一閃，心裡的第一反應是，主管來了。依然是一絲不苟的衣著和髮型，他筆直的站在前面，微笑著說：大家走好，一切順利。從那挺直的身形中，竟看不出一絲失意的跡象。

從那以後，江中明也特別注意自己的儀表，不管走到哪裡，遇到什麼困境，都保持整齊、乾淨。這不是愛美，而是為了展現自己的尊嚴和專業。主管讓江中明知道，在工作中，即使是失敗，姿勢也必須是完美的。

主管是一個企業最有責任心的人。如果你能不斷向主管學習，你工作時便會認真負責，你更會得到主管的欣賞。像主管一樣考慮問題，如主管一樣負責。潛心向主管學習，你就會主動去考慮企業的成長，考慮企業的費用，你會感覺到企業的事情就是自己的事情。你知道什麼是自己應該去作的，什麼是自己不應該作的。如果你沒有時刻向主管學習的心態，你就會得過且過，不負責任，認為自己永遠是社畜，企業的命運與自己無關。你不會得到主管的認同，不會得到重用，低級社畜將是你永遠的職業。

千言萬語匯成一句話：主管是與自己接觸最多的人之一，也是我們每天都面對的比自己優秀的榜樣。注意留心主管的一言一行，所作所為，學習他們處理事情的方法，你就會發現，他們有著與普通人的不同之處。如果你能做得和他們一樣好，甚至做得更好，你就有機會獲得晉升。

善於發現主管的優點

一個人去買鸚鵡，看到一隻鸚鵡前寫著：此鸚鵡會兩種語言，售價二千元。另一隻鸚鵡前則標道：此鸚鵡會四種語言，售價四千元。該買哪隻呢？兩隻都毛色光鮮，非常靈活可愛。這人轉啊轉，拿不定主意。結果突然發現一隻老掉了牙的鸚鵡，毛色暗淡散亂，標價八千元。這人趕緊將店長叫來：這隻鸚鵡是不是會說八種語言？店家說：不。這人奇怪了：那為什麼又老又醜，又沒有能力，會值這個價呢？店家回答：因為另外兩隻鸚鵡叫這隻鸚鵡主管。

這個故事告訴我們，真正的主管都是與眾不同的，他們的身上有著一般人所沒有的優秀之處。

任何主管身上都可能擁有你所欣賞的人格特質。瑪格麗特．亨格佛曾經說過：「美存在於 觀看者的眼中。」她的看法和我們平常所說的「我們在別人身上看到我們所希望看到的東西」不謀而合。每個人都是相當複雜的綜合體，融合了好與壞的感情、情緒和思想。你對他人的想像，往往奠基於自己對他人的期望之中。

如果你相信主管是優秀的，就會不斷在他身上找到好的人格特質；如果你不這樣認為，就無法發現主管身上潛在的優點；如果你本身的心態是積極的，就容易發現他人積極的一面。當你不斷提高自己，別忘了培養欣賞主管的習慣，認識和發掘他身上優秀的特質。

看到主管的缺點很容易，但是只有當你能夠從他身上看出優秀的特質，並由衷的欣賞他的成就時，你才能真正贏得讚賞。然而，正由於他是主管，我們並不能十分容易做到這一點。作為公司的主管自然會經常對我們的許多做法提出批評，經常會否定我們的許多想法，這些都會影響我們對他做出客觀的評價。要知道，他之所以成為我們的主管，一定有許多我們所不具備的特質，這些特質使他超越了你。

趙先生能得到朝陽公司的面試機會，一是因為履歷裡明確展示了自己應聘程式設計師的長處，二是魏大星也想具體了解一下研發總監蘇陽的情況，趙先生之前在這家公司研發部實習。

朝陽是家大型IT企業，而研發總監蘇陽更是業內出了名的「瘋子」，以三件事聞名於「江湖」：喜歡在全體員工大會上當面挖苦他認為不稱職的下屬——數次導致專案組集體出走；把開發例會開至凌晨四點，隔天全體繼續九點上班——被稱為沒人性；不考慮實際情況、隨意變更研發進度——「瞎指揮先生」是蘇陽的外號。

當魏大星問到：「你已離開了實習的公司，如果請你給他們公司提個建議，哪方面最需要改進。」其實，魏大星是想聽聽前研發部員工是如何評價朝陽公司研發總監蘇陽的。趙先生說：「朝陽公司是我接觸的第一家公司，蘇陽作為有多年開發經驗的技術管理者，技術實力是非常強的，在那裡我學到了很多東西，讓我明白社會和學校有哪些區別。短短三個月我提高和進步還是很多的。如果不是後來公司搬家，我一定會在朝陽轉正成為正式員工的。」聽到這裡，魏大星乾脆直接問出了想了解的：「關於蘇陽業內有很多負面的傳聞，比如開會開到天亮第二天還要準時上班，開會大罵技術人員，這都是真的嗎？」

趙先生微笑著說：「我聽同事們說過，應該是真的。每個人都有自己處事的方式和原則，蘇總的方式可能比較簡單粗暴，但核心目的還是希望員工能進步或者跟上隊伍。好事不出門，壞事傳千里，業內消息更多傳聞蘇總是如何變態的，但是很少提到他是怎麼親自指導開發，細心引導技術人員解決問題，讓技術人員更快成長的。在這點上，我覺得蘇總其實是一位非常負責的主管，而且，我從他身上學到了很多的東西。」

中學生崇拜流行歌手、光腳的崇拜穿鞋的，誰都有自己崇拜的對象。人們往往願意崇拜那些離我們遙遠的名人，卻忽略了近在身邊的智者——那些每天都在督促我們工作的主管——那些最值得學習的人。他們之所以成為管理我們的主管，必然有我們所不具備的優勢。聰明人應該時刻研究他們的一言一行，了解作為一名主管所應該具備的知識和經驗。只有這樣，我們才有可能獲得提升，才有可能在自己獨立創業時做得更好。

人們非常清楚，弟子長時間跟隨著師父，學徒耐心的向工匠學習，學生借著協助教授做研究而提高，剛剛入門的藝人花費時間和卓有成就的藝術家相處，都是借著協助與模仿，從而觀察成功者的做事方式。大工業化生產破壞了這種學徒關係，也破壞了主管與員工之間的這種學習關係，員工與主管之間逐漸變成了心結對立的利益體。在一些錯誤的觀點的蒙蔽下，許多員工甚至因此喪失了學習能力。

魏大星剛進公司做銷售時，純粹是聽信了那個小主管的鼓動，腦袋一熱，其他的什麼都不管了。後來一看，所謂公司，原來就是蝸居在一幢極不起眼的華廈中的一間小房，才三、四坪，外加一部電話，看起來像沒發展的公司。他當時就洩氣了，想要撤退。不過小主管口才實在好，寥寥幾句話就把他的鬥志重新鼓舞起來，狠狠留下了。

他們的業務就是推銷一種產品，總共招了十幾個銷售員。魏大星膽子小、臉皮薄，又人生地不熟，真不知道該如何打開局面。於是小主管親自擔任培訓師，帶領魏大星這個後進人員去「掃樓」。「掃樓」就是一家家辦公大樓、一間間公司去推銷。期間遇到好多次尷尬事，不是被白領們像趕蒼蠅一樣的趕出來，就是被保安像拎小雞一樣拎出來。每到此時，魏大星的臉就漲得通紅，小主管也是滿臉窘相，臉上有些掛不住。不過他從來沒有撤退的意思，趕出來，再找個機會鑽進去，總之不達目的不甘休。這樣堅持了一段時間，終於被他們敲定了一個大客戶，挖到第一桶金。魏大星在小主管的言傳身教之下，也漸漸入門，業績越來越好。

小主管得意洋洋的告訴魏大星，做銷售，一要臉皮厚，不怕挫折，夠執著；二要拿出誠意，要讓客戶相信你，說到做到。從此，一向瞧不起小主管的魏大星漸漸對其由衷的佩服起來，他果然是個高手，不然怎麼有辦法讓他留下來，並對他死心塌地呢？

不惜代價為傑出的成功人士工作，尋找種種藉口和他們共處，儘管有時是在被騙或被逼，目的就是為了能多向他們學習。注意留心主管的一言一行，所作所為，你就會發現，他們有著與基層員工的不同之處，而這就是你應該學習的地方。

學習的終極藝術

福特公司的首席CTO路易士·羅斯有一個著名的觀點：在你的職業生涯中，知識就像是牛奶一樣是會有保存期限的，如果你不能更新知識，那你在職場中也會快速衰落。我們身處在一個競爭激烈的社會，再加上企業向學習型企業轉變，組織向學習性組織轉變，整個社會也在正在的向一個新的學習型社會轉變，在這樣的環境中，如果惰於向主管學習，無疑等於故步自封，為自己的職業生涯埋下隱患。

楊赤紅和鄭中偉畢業於同一所學校的同一個專業，由於兩個人的在校成績都很優秀，在畢業時一同被簽入一家著名的公司任技術人員，他們都很慶幸自己可以得到這份工作。楊赤紅進入公司之後，覺得自己在學校裡學的理論性太多，實際工作的經驗很少，於是他每一次忙完自己的工作之後，就幫助公司的老員工作事，同時向主管請教一些工作中遇到的問題，主管非常喜歡楊赤紅認真好學的態度，當然也就不吝嗇的將自己多年工作中累積的經驗傳授給楊赤紅。鄭中偉就不同了，他每次完成自己的工作之後，就急急忙忙的下班，寧願回到家裡看電視追劇也不願多待在辦公室一分鐘。

六個月之後，楊赤紅被宣布成為公司技術部門的主管。鄭中偉不服氣，他的主管將楊赤紅的優勢一一列舉出來，讓鄭中偉羞愧的是，那些優勢在他的身上已經完全看不到了。

這就是不願意向主管學習造成的結果，一個懂得學以致用的員工會抓住學習的機會，也能獲得更多的知識和機會。在知識更新速度日益加快的今天，我們如果還按照「一次學習，終身受用」的老思維來應付每天的工作的話，遲早會被企業淘汰。我們在大學裡學習過的知識理論已經不利於現代企業日新月異的需要，當我們走進企業再不加強知識和技能的學習，我們的知識會在企業中的任何一個位置上一文不值，而我們也將不再適應於企業的發展。以不變應萬變的知識學習時代已經過去了，我們現在要做的以變制變，我們需要每一天都用新的知識和技能來適應和改變著這個瞬息萬變的環境。

曾經擁有手機之王頭銜的諾基亞公司是一個注重員工學習的公司，每一個新加入諾基亞的員工都會有一個少則三個月，多則半年的學習機會。他們將在這段培訓時間內，每天花費十多個小時的時間進行學習，在做額外的任務時甚至要花費十三四個小時甚至更多，但是大多數的員工都堅持下來了，想必這些員工都明白現代社會競爭的激烈程度，假如不學習，他們很有可能會被淘汰。

身為職場中的老手，或許你可能已經知道了持續不斷的學習的重要性，但是新的問題又出現了，我們能夠採取怎樣的途徑來學習呢？事實上這不是一個困難的問題，孔子說：三人行，必有我師。我們的主管就是我們學習的對象。當我們進入一家公司時，主管在這家公司一定有相當久的時間，他們已經總結出了很多的經驗和教訓，當然還有知識和技能。我們只要虛心求教，大多數的主管願意告訴我們應該學習一些什麼，或者怎樣做，怎樣去避開一些你一不小心就會違反的錯誤。

新年到了，做下屬的照例是要客套一下：每個人都給主管送了賀卡，無非是寫幾句老套而逢迎的話，每年重複一次，誰都已經煩膩這樣的形式，只是說不出口罷了。余輝收齊了一遝卡片，往主管的桌子上一放，背書一樣說，「大家祝您新年快樂。」余輝退出辦公室，繼續自己的工作，每天如此。公司最近取消了一切的節日。

不一會兒，主管把余輝叫去，遞給卡片給他，「這是給你們的。」接過道聲謝，正要一一發放，卻發現賀卡上並沒有寫明收卡人的名字——這是怎麼回事？一向細心的主管怎麼忽然粗心起來了？

雖然余輝滿腹疑惑，又不好追問，打開其中一張卡片：「記得以後喝飲料要加熱，對胃有好處。」余輝莫名心頭一熱，這擺明了是寫給自己的，整個辦公室都知道他有胃痛的病，發作起來非常厲害。余輝忽然明白了什麼，叫過同事一起辨別。

「記得出門時，一定要帶鑰匙……這一定是我的！」同事小張叫了出來，從余輝手裡拿過一張粉紅的卡片。她曾經因為沒帶鑰匙而被鎖在家門外，這件事情主管也記得？

「呵呵，這個，除了我還有誰呀？」李偉不慌不忙的取走了一張卡片，高聲的念：「某商場正在進行手機促銷，欲購從速！」他欣喜若狂，「我一直想換我那破手機了，來得正好！」急忙按著主管留下的電話打了過去……頓時，一向沉寂的辦公室氣氛被打破了，大家圍著余輝，按「特徵」尋找著屬於自己的那張卡片，互相交換，竊笑不已。大家驚異的發現，主管把每個人的生活特點、日常需要都掌握得恰到好處，並送上了最切合實際的祝福。想起自己千篇一律的祝辭，不由得赧然起來……正當員工們議論不休時，門被推開，主管滿臉笑容的看著眾人，大家心悅誠服的叫了出來：「新年快樂！」這句話說過很多次，但沒有一次像這樣誠懇，這樣快樂！因為員工們終於明白：主管就是自己學習的榜樣。

如果你只是想學一些更新的知識來適應你的工作環境，你可以選擇雜誌；你想要學習某一個行業專業性非常強某一門技術，你可以選擇書籍；若是你想要學習一些剛剛入門的知識，雜誌和專業的網站論壇也可以幫助你進行學習。比如說實用技術方面的知識，比如：影像處理、網頁設計等知識，可以去找一些網站的影片教程，這些可以滿足你需要。

如果你想要學習一些比較專門的知識，你也可以尋找一些有專業的深度書籍來看，當然也可以放到網路去跟一些資深的人士討論，這些都是進行學習非常好的途徑。

當然，如果你想要學習系統的專業知識和技能的話也可以尋找專業的培訓機構。在選擇機構時最好是選擇品牌強，師資力量強的學習班，你也可以去大學裡開辦的一些培訓機構，但是不管怎樣，都需要對他們的宣傳保持一種謹慎的態度。

有一個大學畢業生一直用一個網站的影片教程自學一個影像製作軟體，當他去公司應聘時，這家公司正好要求能有簡單的影像製作能力，他因此得到這份工作。得到工作之後的他並沒有放鬆自己的學習，他利用業餘的時間不斷向主管學習一些公司可能用得上的一些技術，如排版和影片剪接等各種技術。五個月後，公司重組，並新組建市場部。因為有大量的影片資料和文字影像資料需要重新整理，文字功底好並且懂得運用影像和影片製作軟體的他被調任到市場部。而他所在的部門因為跟重組後的公司制定的長遠策略發展目標不符，大部分人都被裁掉了。

懂得向主管學習的下屬永遠都不會被社會淘汰，他們永遠可以審時度勢的去擴充自己的知識面，學習一些新的知識和技能，以適應公司和社會的發展。當然只是學習新的知識還是不夠，要懂得將自己新的知識運用到我們的工作上去。的確，即使是一個小的工作，在其中有所創新也會帶來好的收益，這就是向主管學習的結果。

員工的學習能力與你現在具有的能力相比，前者更受企業重視，這也是現代企業先進的管理念之一。知識的保存期限越來越短，不想被企業淘汰，就需要更加堅定不移的向主管學習新的知識和技能以適應企業的發展。

以學習的心態與主管相處

在公司工作過程中，向主管學習是不斷提高自己工作能力的非常重要的途徑。一項權威機構的調查顯示，員工有百分之六十的知識和技能是從自己的主管身上學到的。

我們知道，能力大小與從事的工作類型是息息相關的。和我們在同一個企業中工作的主管，由於工作性質彼此比較接近（當然會有所差異），因此他們的能力往往都是我們日後能更好工作所需要具備的。我們還知道，能擔任我們主管的人，一定有「過己之處」，主管的專業技能、工作經驗、社會閱歷、為人處事等許多方面往往是我們所需要學習的。因此，向自己的主管學習既非常重要也非常必要。另外，由於我們在工作的過程中和主管打交道的機會比較多，因此也有非常好的機會向主管學習。我們可以透過向主管請教、留意主管的工作方法、閱讀主管的工作紀錄等多種途徑學習到主管具有而我們所欠缺的知識和技能。

李希貴認為，對主管表達不是期望他聽你說話，而是要把你的建設性意見回饋給他，但是往往因為有別人負責，你不便表達，這時候要抓住向主管學習和求教的機會。

李希貴說：「遇到一些問題，或者是分配工作下邊人不能完全理解的時候，主管經常會給他們做出指導，分析原因，講思維方式，講執行步驟。這個時候，在不耽誤我自己工作的情況下，我都會認認真真的聽，這樣無形中就學到了很多東西。不久，主管也注意到了我的虛心。每次做指導的時候就有意識的讓我聽聽，當其他人都走了以後，他還會問我一些看法，這樣我就順理成章的把自己的想法和感悟講給他，幾次都讓他很驚喜。」

事實證明，向主管學習是提高自己能力最快和最主要的方式。很多人在主管指導別人的時候，都會覺得與自己無關，所以就丟掉了很多學習的機會。另外，人們都喜歡虛心學習的人，因為學習，才會給你更多表達的機會。

以學習的心態與主管相處，尊重、服從、協助主管是你成功的捷徑。身在職場的你必須深諳這一道理，否則將會錯失加快自身成長的良好機會，同時也無法與管理層建立和諧的互動關係，從而遲早會被組織淘汰。

如何向主管學習？那就是不要漠視主管對你的期望。主管只希望你更成功，你當自勉。

姜顯明原本是一個很有前途的心理醫生，剛剛進入這一行業的時候，他像其他人一樣充滿了雄心壯志，但是在這個職位上工作了兩年時間後，姜顯明開始變得憤世嫉俗，他甚至比前來諮商的病人更加滿懷負面的情緒。他覺得主管給他的薪水過低，覺得主管不重用他，而自己提交的升遷報告也一次都沒有回覆過。

而真實的情況是，主管決定在下半年的集體會議上宣布提升姜顯明為主治醫生一事。然而姜顯明並沒有了解主管對他的期望，也不是兢兢業業的做事，他總是抱怨說：「再做下去一點意思也沒有了。從早到晚都是面對病人的抱怨，腦袋都要爆炸了，恨不得找個地方躲起來。患者究竟要治療到何種地步竟然是一群外行在制定標準，他們對治療一竅不通，但我們卻不得不遵守他們的標準。」

天下沒有不透風的牆，姜顯明的這些牢騷很快便傳到了主管的耳朵裡。主管對姜顯明的表現感到非常的失望，一直以來主管就對姜顯明抱有很高的期望——事實上，姜顯明的情況主管不是沒有看到，但是主管認為，姜顯明過於年輕，需要接受基層業務的扎實訓練。但是，當主管聽到姜顯明的抱怨和牢騷之後，主管打消了盡快晉升姜顯明的想法。當姜顯明再次得知不能晉升的消息時，姜顯明徹底變成了一個典型的工作倦怠者，最終他不得不離開這個職位。

每一個主管都希望自己的下屬聰明能幹，更希望自己的下屬能夠擔當大任，獨當一面——不僅僅是企業的主管如此．實際上你的直屬主管也是如此，因為他們也迫切的希望有更優秀的人把事情做得更出色。如果你還沒有得到晉升，那要麼就是主管想繼續考察你，要麼就是你做得還不夠。如同老師希望自己的學生成績優異，父母希望自己的孩子茁壯成長一樣，你的主管同樣希望你做出更大的事業。這絕不是一句冠冕堂皇的話，而是事實。因為每一個管理者都希望自己擁有一大批更加優秀、更加成功的員工，組成一個更有效的團隊，為企業做出更大的貢獻。

程方田說：「我的做法是重視每一次會議，哪怕是只有十分鐘的週會，我也會做最充分的準備，如果有機會，會把我的想法和看到的問題回饋給主管。在工作中應該努力做好每一件事情，但是做好會議準備，是溝通主管、表達想法的很典型方式。這樣說有兩個方面原因，第一，開會的時候，主管們會比較集中，會有人聽你說；第二，開會的目的就是要聽取大家的想法和看到的問題，會給你表達的機會。這就是我跟我們主管四年以來的心得。」很多身為下屬的人不能了解主管的這種心態，將主管與自己看成是管理與被管理的關係，甚至認為由於兩者之間立場不同而存在著根本的衝突。這種心態實際上既無助於自己的進步，更無法與主管建立和諧的關係——它往往成為阻礙我們學習主管、與主管良好合作的嚴重問題。

無能的主管也是你學習的榜樣

在你的公司裡，也許你的主管還不及你聰明，但只要他一天是你的主管，你就得服從他的安排。並且還要盡心盡力去發現他身上那些你所不具備的東西，尊重他，欣賞他，讚美他，向他學習。當主管比你遜色時你會怎麼做？鋒芒畢露只會讓自己陷入僵局，頂撞主管無論從哪個角度來說都不是件好事，只要你沒想調離或辭職，就不可陷入僵局。

南朝齊梁時的沈約，是歷史上著名的美男子加大才子。人若有了才，做什麼事都愛動腦筋，甚至耍點小聰明，他的尚書職位就是這麼來的。

當初蕭衍起兵誅殺殘暴的東昏侯，擁立南康王蕭寶融為帝，實際上掌握了國家的軍政大權。但沈約覺得官還是小了點，對三公之位有了垂涎之意，無奈不管是本人提，還是旁人勸，梁武帝蕭衍就是不同意。沈約有些煩悶。也有些不滿。這文人愛犯一個通病，就是容易懷才不遇，一懷才不遇就難免做出點出格的事來。

一天，有地方進貢給武帝一些栗子，蕭衍也是個有才情的人，一時高興就招沈約進殿，相約各自寫出關於栗子的典故。寫文章自然是沈約的強項，但他下筆時耍了點心眼，故意少寫了三點。文章揮就，由群臣品評，都說武帝的見識廣，武帝很開心。出得宮門。沈約忍不住對別人說：「此公自護其所短，忌諱別人比他強，否則會羞死的！」不料皇帝的耳目甚多，這話很快就傳到了他的耳朵裡，武帝聽了十分生氣。

後來，武帝來到尚書省與沈約聊天，不覺聊到張稷的事。沈約回答說：「這已經是過去的事情了，何足再加議論！」話裡的情緒色彩很濃，原來張稷是沈約的親家，曾經想升官卻沒能如願，死在刺史任上。此言一出，武帝覺得沈約有意袒護張稷，氣憤的說：「你說出這樣的話，是忠臣嗎？」起身拂袖而去。

這一句是不是忠臣的反問，沈約是能夠聽出它的分量的。他嚇壞了，以至武帝走了都沒有覺察，還像原來那樣一動不動的坐著。回家後，滿腦子都是武帝的這一句問話，神情恍惚，本來想走到胡床跟前坐下，結果一下子坐空了，腦袋著地倒在了窗戶下面，晚上就發起了高燒。睡夢中沈約夢見南齊和帝用劍割斷了他的舌頭，他驚恐萬狀。醒來後沈約悄悄命人召來巫師，用赤色奏章向天神祈禱，說：「禪代的事情，不是我的主意。」

武帝派遣主書黃穆之來探視沈約的病情，得知了沈約讓巫師用赤章祈天之事。不禁勃然大怒。幾次派人去譴責沈約。沈約越害怕了，沒過幾天，就在憂傷、懼怕中死去了。

面對不如自己的主管時，沈約不恰當的把大聰明變成了小聰明，跟同事，甚至跟主管耍心眼，明顯低估主管的智商。身在職場的人都知道，留一半清醒，留一半醉，用謙虛和謹慎自然會博得主管的信任和賞識，與主管一起走路時，要走在他後面；與客戶談生意時，應在適當的時候為主管補充，比如一個關鍵數字主管忘記了，在主管停頓的瞬間及時補充。但沈約卻使主管陷入尷尬的處境，主管很生氣，後果很嚴重，因此而誤了性命。

南宮福應聘到公司任職不久，部門經理就對他說：「老弟，劉之飛隨時準備交班。」說心裡話，當時南宮福也是這麼想的，因為經理是自學成才的，知識和修養存在先天不足。而南宮福是大學畢業後，在外資企業已有五年的工作經驗，獨立有主見，工作能力強。由於個性率直，在討論一些工作問題時，他向來直來直去，為此他常與主管發生爭執。雖然經理有時對他也有一定的暗示，但他卻不以為然。久而久之，經理便漸漸疏遠他，讓他漸漸失去施展才能的舞台。

雖然南宮福的能力確實超過他主管，但他不知道主管畢竟是主管。在主管眼裡，下屬永遠比他差一截，他才會有成就感。你的能力比主管強，他本就坐立不安了，如果明目張膽的與他唱反調，哪怕你是無心的，主管也忍不住會對你施加壓力。收斂起自己的鋒芒，以消除主管的戒心。比如在業務會上，對自己的遠見卓識有意打點埋伏，留下空間給主管作總結。當然，在平時要經常向主管請示彙報，不擅自做主，特別是一些決策性的工作，都要等主管表態。

歐陽偉剛工作那會，為了表現自己能勝任財務工作，他在各種場合都會找機會表現自己。而他的頂頭主管在某些方面的確不如他，為此，同事們在私下談論的時候就會對主管說三道四。世上沒有不透風的牆，主管知道後當然也不示弱，在一次例會上，主管直截了當的說：「做財務工作的人要求冷靜、細心，但有的人同事在工作上卻很浮躁，這樣對劉之飛們的工作極為不利，小心出狀況。」這威脅的潛台辭令人不寒而慄，同事們雖然口裡不說什麼，但心裡說什麼也不服氣。

在沒有全面認識主管的情況下，妄自對主管說三道四，顯出不服管教的態度，這讓主管的威信受到了牽絆。如果你不重視主管，主管自然也不會重視你。

作為一個企業的員工，不要只看到主管不足的地方，應該發現主管的優點，或許主管在很多方面不如你，但畢竟也只是在某些方面而已。你一技之長勝過他，可他的綜合素養也比你優越。因為職場比拼的是綜合素養，而不是單單技能。只要你留心主管的優點，並經常把他對公司的決策思路與你自己的思路相比較，你會從中找出你自己的差距。

劉百興剛到動力機械公司工作的時候，對主管橫看豎看不順眼，甚至毫不謙虛的認為，自己的那位主管，在人事安排方面肯定不如自己，公司的人員工調度、計劃分配等等，哪一樣離得了自己？

每次聽到他提出的有關公司管理的愚蠢問題，主管總是不置可否或模稜兩可的笑笑。

時間長了，劉百興才覺出當初的愚蠢——職場比拼的是綜合素養，而不是專項能力。主管抓的是全面，不能做到樣樣精通。是主管，總有優越的地方，即使在一個部門中，你也不可能完全掌握一個流程和環節。尺有所短，寸有所長。你的一技之長多半比不上他的功夫，或者他的綜合素養勝你一籌，至少論經驗閱歷略遜他幾分。

而在一個公司裡，往往會出現這樣的情況：昨天還是「小毛孩」，或者勾肩搭背，把你稱為大哥的「小兄弟」，今天卻一躍成了你的主管。由此也給許多人帶來一些困惑，自己比主管年輕，能力和閱歷肯定不比自己高多少，這些人往往會出現一些排斥、嫉妒或者是自卑的心理，進而導致了心情不舒暢，工作不如意。在如今這個用人機制越來越活，工作競爭日趨激烈的年代，作為下屬，如果不轉變觀念，適應變化，往大了說會影響上下級的工作配合和協調，往小了說，影響自己晉級、加薪，甚至會丟掉手中的飯碗。只要你靜心想一想，年輕人能成為主管，首先說明他（她）的業務素養、開拓能力等方面要強於你。因此，面對年輕的主管，絕不能用不服氣的心態來看待，而是要換個角度，注意發現主管身上的「優點」，虛心學習他在業務和管理上的長處，正面態度，從內心尊重主管，心悅誠服的接受和服從主管。因此，不論主管的年齡比你小多少，資歷如何不如你，既然事實存在，就應正確面對，從主管身上找出「優點」——你應該學習的地方。

有的下屬自恃年齡大、工作經驗豐富，有時倚老賣老，對主管的工作安排應付或置之不理，有的甚至不但不給主管好臉色，還給主管從中搗亂。這樣做，表面上看似乎是維護了所謂「老員工的尊嚴」，但實際是有百害而無一利。下屬在工作中要擺對位置，多發揮自己的優勢，積極為主管出謀劃策，鼎力相助，這樣才會贏得主管的信賴。

許多經驗豐富的下屬常常認為「自己老了，越來越不中用了；現在是年輕人的天下……」抱有這種自卑甚至自暴自棄的心理會極大影響工作。同時，與主管的年齡差距較大，自認為出現「代溝」而敬而遠之也不是明智之舉。年輕主管也是人，他也希望與下屬建立和諧的關係。因此，要排除自卑和疏遠的心理，盡量與主管多溝通，與其以誠相待，多尋找共同的話題，培養共同的愛好。工作中要不卑不亢，落落大方；生活中與主管做朋友，盡量縮小年齡所帶來的差異。

「有為才有位」這句至理名言再過一百年也不會過時。經驗豐富、業務精湛，工作能挑大梁往往是老員工的特點。面對暫時缺乏管理經驗的年輕主管，你要充分利用這一優勢，工作上勇於帶頭，敢挑重擔。同時，作為公司的大哥大姐，要關心和幫助年輕同事的工作和生活，與他們建立良好的人際關係，逐步培養自己的群眾威信，並利用這一威信，支持年輕主管的工作。這樣，不但員工會尊重你，主管更會相信你，把一些重任交給你，升遷、加薪的機會自然就多了。

第二章　學會承受批評

一般說來，批評都是和缺點錯誤聯繫在一起的。做工作多的人，出問題和犯錯誤的機率相對就要大一些。受到的批評多，一方面雖然說明工作中有些方式方法確實需要改進，但另一方面也說明你發展潛力大，值得主管去關注和幫助。

學會承受主管的批評

任何一個下屬、員工都不希望被主管批評，然而在工作中，被主管批評卻是常有的事情。下屬、員工在面對主管的批評時，如何對待、如何接受，是一門學問更是一種藝術。在某一篇文章中，作者將一個人「挨批」時的表現歸納為當面頂撞、無理占三分、意志消沉和屢教不改四種類型。這四種類型，一言以蔽之是「麻木不仁」。只不過一些表現是有主觀意識的（如我行我素、反駁辯解），一些是無意識的（如消沉自責），這都是一種消極的心態，是工作的大忌。

「我以為他讓我做的是這樣，按照這個做了又不對，他當時怎麼不說清楚呢！」面對主管的批評，張南方很是委屈，「明明是按照主管吩咐做的，現在出了差錯又怪到我的頭上。」原來，主管讓張南方在週休期間做一份本地市場同類產品銷售情況的報告，星期一上班就要過目。好不容易盼到的個週休卻要加班趕報告，張南方心裡甭提有多壓抑了，也沒向主管仔細詢問報告的用途，以為是為公司新產品上市規劃做參考，就按照以往的程序，找了些相關資料，再依據主管的「喜好」做了些修改，星期一上班就交了上去。

其實，主管需要的報告既要有競爭對手的真實資料，又要有本公司產品的銷售情況分析，而張南方上交的報告卻沒有這些。看到主管難看的臉色，張南方委屈的小聲說：「我以為您是要做明年的銷售計畫……」「你以為？你怎麼不問我？不要總是『我以為』，有不明白的就問，更不要自己想當然的做！」主管打斷了張南方的辯解。事後，張南方越想越覺得自己無辜，甚至覺得是主管的管理方式有問題。

工作中，不少下屬都有過張南方這樣的經歷。某企業管理專家分析說，「我以為……」是員工「幼稚病」的一種表現形式，不是只有剛進入企業的大學生才犯這樣的錯誤。一些工作多年的職場老手也容易自恃有豐富的工作經驗，遇到問題不屑或不好意思問，尤其是問主管，往往按慣例和慣有思考模式處理事情，最後出現錯誤受到主管批評，又會把責任轉化到公司管理上，而習慣於迴避問題的根源。

莊子曾說過：「夫哀莫大於心死，而人死亦次之。」下屬最大的悲哀不是有了錯誤，而是麻木不仁，失去了改錯的機會。那些面對主管的批評選擇當面頂撞、我行我素的下屬、員工，不就是那些圍觀殺人而無動於衷的寫照嗎？所以，「挨批」並不可怕，可怕的是「知錯不改」的不良心態。一旦認真接受批評，及時改進不足，就會「知恥近乎勇」，取得進步，贏得主管的欣賞。

大多數下屬對主管的批評一般都接受不了，特別是在全體員工大會上，當著大家的面。但是，作為下屬，你要學會承受批評，汲取教訓，最重要的是保持一個良好的心態，注意以下幾點：

首先，我們必須要有虛心接受批評的心態。「人非聖賢，孰能無過」。錯誤是人生的必修課，要正確的對待批評，把批評作為改進自己、提高自己的良機，而不要急於辯解和當面頂撞主管，要有心悅誠服、真心實意的接受批評的平和心態。有誠心接受批評的心態，才會從自身找原因，認真反思，及時汲取教訓、避免重犯；有虛心接受批評的心態，即使是面對主管的誤解和錯批，也要欣然承受，正確的對待批評。

其次，作為下屬要明白，維護主管的形象就是維護企業的形象。主管作為企業或者部門的決策者和指揮者，有其特殊的公信力和權威性，必須具有良好的主管形象。作為下屬，無論何時何地都要堅決維護主管形象。如果你連自己主管的形象都不維護，那你對這個公司還有什麼用處？反過來說，公司因為什麼還會再繼續使用你？因此，面對批評，下屬需要保持理性和清醒的頭腦，即使蒙受委屈也要坦然處之、虛心聆聽，在適當的時候再予以解釋。而且，作為領導者，觀人謀事所站的角度更具有大局觀和全面感。一件事單看也許並沒有錯誤，但放在整個大局來看就有可能不妥。作為下屬，一定要懂得主管的這種用心良苦，用心去體會主管的批評，有錯改之、無則加勉。要把主管的批評作為對自己的一種關心和激勵，用加倍的努力去回報主管、回報企業。最後要有感恩的心。

一次，美國前總統羅斯福家遭竊，被偷去了許多東西，一位朋友聞訊後，忙寫信安慰他，勸他不必太在意。羅斯福給朋友寫了一封回信：「親愛的朋友，謝謝你來信安慰我，我現在很平安。感謝上帝：因為第一，賊偷去的是我的東西，而沒有傷害我的生命；第二，賊只偷去我部分東西，而不是全部；第三，最值得慶幸的是，做賊的是他，而不是我。」對任何一個人來說，遭竊絕對是不幸的事，而羅斯福卻找出了感恩的三條理由。

主管的批評一般都不會和風細雨的，然而，這卻讓一個員工的成長有了更多的抗打擊能力。管理學有一句經典，「管理是一種嚴肅的愛」，作為下屬，要懂得欣賞和感謝這種嚴厲的愛，學會感恩。

你要明白這樣一個道理：主管的批評實際上是一個動力。問題為什麼會出現，不外乎來自四個方面的原因，一是經驗不足；二是能力不行；三是原則性不強；四是粗心大意。面對主管的批評，從這四個方面找原因。不管是什麼原因，都集中反映了自己的工作水準。人不能避免犯錯誤，但人不能總犯低級的錯誤。人不可能避免來自於別人的誤解，甚至惡意的傷害。俗話說，明槍易躲，暗箭難防。做事真的應該謹慎和周到。出於理解上的問題可以透過溝通解決，出於惡意的事情就是一種打擊和鬥爭。人與人之間的問題，真的是很複雜的，但又不能意氣用事。今天為了一件事感到不公就撒手不管，就想到辭職，想到換工作，人的一生能有幾次這樣變更呢？越有這樣的想法，越無法面對問題。因此，要把主管的批評當成是一種動力。往前走去解決問題，度過這個難關就翻過一道坎，心智會變，能力也會變的。

有了這些良好心態，最重要的就要知錯就改，將修正後的正確做法落實到行動中去。馬克思主義哲學認為，重要的問題，不在於懂得了世界的規律性，因而能夠解釋世界，而在於用了這種客觀規律性的認識能動的改造世界。落實行動遠比空喊口號重要，在聆聽和接受主管的批評以後，要快速、及時將批評和壓力化為動力，認真加以改進，確保今後不犯同樣的錯誤。

不能把批評當成是和自己過不去

在同一個公司裡工作，主管與下屬之間天天在一起工作，就如同天天在一起過日子的夫妻，有些摩擦也不為過。所不同的是，一個屬於家庭內部的私事，而另一個則屬於工作上的分歧或因工作中的失誤而導致的主管對下屬的批評。由此看來，分歧也好，失誤也罷，沒有什麼過分之處。但是，總是有那麼一部分不開竅的下屬，自以為是天下第一，連自己的爹娘都不放到眼裡，你主管算什麼？還有的下屬過於敏感，只要主管一批評，不分青紅皂白，總以為主管在找麻煩，悶悶不樂。

李東光新來公司擔任經理不久，在觀察了一段時間之後，他覺得有幾個員工的能力、專業和經驗不適合他們所在的職位。公司是一家網路公司，盈利主要靠廣告收入。李東光時不時都會指出他們在工作中的失誤，都是非常具體的錯誤，而不是泛泛而談的大道理。可是，他們後來都辭職不做了。他們說李東光不是一個好主管，整天就知道抱怨。可是，李東光的確是一個心態非常積極、從不怨天尤人的人，經歷過各種打擊而此心不改。所以，他們的離職對李東光不是什麼壞事，他只是對他們的前途感到擔憂。

但現在有一件事，卻讓李東光難以把握了。在剩下的老員工裡面，李東光的助理可以說是自己的死黨，幾乎公司裡面的所有事情都會跟她商量。她也很為公司著想，一心撲在工作上，經常加班、任勞任怨。但她有兩個毛病是我不能接受的：一是私心，二是喜歡找藉口。因為她是主管身邊最忠心的幕僚，自然她的權力也較一般主管大，她便會在報帳的時候多報，或者在購物的時候，為自己順便買一些小東西。還有就是喜歡為自己找藉口。比如：會為遲到找藉口，會假借手機沒電回覆不了電話……其中有相當一部分是理由是不成立的。

為這個毛病，李東光猶豫和思考了好久，但終於還是說出來了。因為他覺得公司的混亂狀態很大一部分責任都在她身上，如果她不改正這個缺點，對公司的發展極為不利。

批評她的時候，李東光是借助一件事情而說的。那件事情是她沒有做好，在批評她的時候，她竟然又說是其他員工不配合所致。這讓李東光有點惱火了，多半是她自己交代不清所致。但李東光還是打電話給另外一位員工核實情況，果然是那位同事沒有收到明確的任務。於是，李東光就借題發揮，趁機數落了她的缺點。李東光告訴她自己為什麼發這麼大脾氣的原因，不只是眼下這件事，而是她自身的缺點。

從此後，她的積極性大受影響，在工作上也不再那麼主動了，對李東光也不再噓寒問暖了，每天只是中規中矩的做事，也不再發表自己的意見。你吩咐了她就做，也不再主動提醒李東光了……

可以說，作為一個企業的主管，特別是一個認真、講原則、肯對團隊負責也對下屬負責的主管，在下屬出現錯誤時，就會及時予以批評，而不是對其姑息遷就、放任自流。只有那些極其不負責任的主管才會這樣去做。的確，對下屬的批評也是一個肯負責任的主管對下屬負責的表現，也是對下屬關懷的展現。

如果下屬們犯了錯誤，出了問題，主管不聞不問，視而不見，甚至是「高抬貴手」放他一馬，表面上看起來這個主管真好，是個十足的大好人。而且，也一定會獲得下屬的喜愛，並會因此對主管感恩戴德，視若再造爹娘重生父母。然而，這樣的主管是要不得的，他是在放縱下屬們，於無形之中助了下屬一臂之力，使下屬們更加快速走向錯誤的深處。從而，下屬們也將在錯誤的道路上越走越遠，可能最後會走向犯罪的深淵，甚至是不歸之路。

有句老話說「說起來容易做起來難」。事實上，也是這個樣子。話雖誠如前面那樣所言，但有的人只能接受表揚，而不能接受一丁丁點的批評。一旦受到了主管批評，就覺得自己丟盡了面子，自覺在同事面前抬不起頭來，再也無顏面見他人；更有甚者以為沒了尊嚴，失去了活著的意義。其實，大不必如此大動干戈。「人非聖賢，孰能無過？」作為一個凡夫俗子，犯些錯誤是再正常不過的事情。一個人在一生當中不可避免的要犯很多次的錯誤。關鍵在於，犯了錯誤以後，特別是主管批評過之後，我們該怎麼辦？我們要對照主管的批評去深刻反省自己、檢討自己，從錯誤中總結經驗吸取教訓，以指導自己今後的工作和生活。

但有些人恰恰相反，就不會深刻反省自己、檢討自己，也就不會找出自己在工作中存在的不足，使自己在工作中少犯錯誤、不犯錯誤。反而覺得是主管不近人情，不給自己面子，在找自己的「麻煩」。於是，就開始同主管唱反調，在本公司中發牢騷，說壞話，說主管的「不是」，講主管的「隱私」，公開自己與主管的心結等等。這樣做，危害是很大的，不僅有損主管的聲譽和威信，在不明真相的群眾中造成負面影響，而且可能造成內部的不團結，給工作造成不必要的損失。另外，也會給他人留下「你這個人不好相處」、「素養低」的壞印象，也給自己以後的工作造成困擾，最終損失慘重的還是你自己。所以，作為員工，特別是在工作中出現錯誤或出現過錯誤的員工，一定要正確對待主管的批評，虛心接受主管的意見，同時還應正確對待自己在工作中的缺點和錯誤。何況，一般來說，主管在批評員工時，基本上都會本著「懲前毖後，治病救人」的原則以及坦誠和負責的態度。因此，下屬們也就沒有必要過度緊張，也沒有必要有太多的想法。相反，有些聰明的下屬善於「利用」批評，主管批評你是因為你還可以再進步，是想你好才批評的。如果你能虛心的接受，不爭辯，主管會覺得你態度好，值得培養。如果你不服氣，發牢騷，可以使你和主管的感情拉大距離，關係惡化。當主管認為你「批評不得」時，也就產生了這個印象——認為你「難成大器、提拔不得」。

批評本身也是一種幫助

在工作當中，我們常常會受到一些來自不同方面的批評。這些批評要麼來自我們的長輩，要麼來自我們的主管，也可能是我們的朋友抑或同事。一般而言，對於父母的批評，許多人都能夠正確對待，不管父母批評的對錯與否，也都可以接受，認為父母教子是天經地義理所當然。而對於關係密切的朋友或交往不錯的同事，對於他們的批評都可以理解，也都可以坦然受之。即使一時間理解不透接受不了，也不會有什麼太多的想法。但是，一旦受到主管的批評時，心裡立刻就會不高興起來，甚至一時間想不通並難以接受。

天能園工程開工後，安居工程公司工程部的十四位職員由王經理帶領，但近一個月內發生了一連串的事情，造成王經理的工作無法進展。其中一件事情是這樣的：趙小麗是新來的大學生，八月底報到上班，但一個月之內有二次上班遲到，並且還有一次，由於粗心大意將一個重要的報告提供的資料寫錯，幸好及時發現沒有造成重大影響。王經理每次發現趙小麗的問題後，就當場立即對趙小麗遲到及工作不仔細進行了批評。

其餘的幾件事也大都與此類似，或是因為違反工作紀律，或是因為工作不負責任，或是因為背後說同事壞話，另外三位職員同樣一被王經理發現犯了錯誤，受到了批評。但趙小麗卻私下聯絡這幾個受到王經理批評的人，一起來對抗他，王經理安排的事情，他們不是陽奉陰違，就是拖拖拉拉、錯誤百出，嚴重影響到了工程部的施工進展。

在企業裡，由於下屬在工作當中的作風、態度、效率、品質以及其他方面的原因，可能會受到主管的批評。本來，主管批評是很正常的事情，但卻有那麼一部分下屬受到主管的批評後，對主管的批評特別不理解，以為自己很委屈，受到了不白之冤。有的下屬甚至還認為主管故意在找自己的麻煩，因此對主管充滿了怨恨，從而遷怒於主管。有的還做出了偏激的行為，同主管無理取鬧，擾亂主管的正常工作和生活。更有甚者，在公司或回家的路上對主管進行恐嚇、報復，乃至以死來相要脅等等。而這些想法和做法，都是極端錯誤的。

「金無足赤，人無完人」。這是先祖們流傳下來的真理。無論是誰，每一個人的工作做的多了，特別是因對主管的用意領會不夠、客觀條件影響、工作能力所限、思想精力不夠集中等因素的影響，出現失誤在所難免，甚至還會出現嚴重錯誤的時候。因此，在工作中，一旦有人真的出現了失誤，主管肯定都會站在公司的立場上，對下屬出現的錯誤做出公正、客觀、善意的批評，並會及時提出正確的建議和補救措施。這個時候，下屬可能就會出現不理解主管的批評問題。那麼，我們該如何來對待主管的批評呢？

下屬在犯了錯誤之後，要本著「有則改之，無則加勉」的態度去對待主管的批評，要有承認錯誤的勇氣，千萬不要因怕受批評、丟臉而不敢承認錯誤，進而推卸責任，甚至捏造事實編造假象，用大錯誤去掩蓋小錯誤。一旦遇到認真負責的主管，就用更大的錯誤去掩蓋大錯誤。這樣一來，最後的結果就會使自己陷入由自己攪起的錯誤漩渦之中，且越陷越深而終不可自拔，使自己的大好前程就這樣斷送在本來是很小的事情上，豈不可惜？甚至遺憾終生。

一個肯積極進取的下屬，就是不斷自我肯定、自我修正、自我提升的一個過程。而在這個進步的過程中又需要很多人的給予我們幫助，不僅有物質上的，也有精神上的，還包括行為上的。從某種意義上說，行為上的幫助是最為重要的。特別是在犯了錯誤的時候，需要有人幫助指出不足，幫助及時改正，不斷進步。因而，當下屬們的一些行為發生偏頗乃至出現錯誤時，主管及時給你們指出，使你們在錯誤的道路上及時剎車，沒有進一步崩塌，幫助你們明確了方向，這是好事情。很難想像，一個不能正確接受主管批評的人，一個失去主管幫助的人，要想取得進步該有多麼困難。所以，在下屬們犯了錯誤後，主管批評的時候，一定要虛心接受，認真對待。不能因為主管的批評而產生反向心理，更不能因為主管的批評而去曲解甚至是誤解主管的良苦用心。

王香玉在公司中的銷售成績一向是沒人可比的，但最近幾個月以來卻越來越不理想。銷售部經理想了半天，終於找到了答案：有一次，王香玉私自吃一個批發商的回扣，被銷售部經理狠狠批評了一頓後，她就再也沒了以前的幹勁了。「小王，你到我辦公室來一趟！」銷售部經理「啪」的一聲掛了電話，讓剛剛和同事還有說有笑的小王一下子心驚膽戰，硬著頭皮走進了經理辦公室。「你這個月的銷售成績怎麼這麼差啊？你看看人家小鄧，剛來兩個月的業績就飆到本月第一名。你以為我能讓你拿這麼多的薪水，我就不能讓別人拿的比你更高？再這樣下去，你這個銷售冠軍還能坐多久？」還沒等小王開口，坐在主管椅上的經理就一頓連環珠炮般的轟炸，順便把一疊厚厚的報表扔在小王面前。「經理，我……我有我的解釋。」小王本想找個藉口，說說自己的理由。但銷售部經理早看透了她的心思：「你別說了，你回去好好反省吧。我再給你一個月的機會，要是下個月你的業績……你自己看著吧。」

也許，主管在批評下屬的時候，態度堅決了一些，立場堅定了一些，語氣強硬了一些，措辭嚴厲了一些。但毫無疑問，也不容置疑，主管的批評是善意的，也是誠懇的，出發點肯定是好的，意在幫助下屬不斷提升，不斷進步，可謂用心良苦，實乃苦口良藥，忠言逆耳。

幫助下屬改正錯誤的主管是真正愛護你們的人，是有恩於你們的人。下屬們應該感謝這些真正愛護你們的人，感謝這些有恩於你們的人，感謝所給予你們的愛護，感謝對你們進步的幫助。因此，請記住：我們一定要感謝主管的批評，一定要感謝那些幫助我們進步的主管。

面對批評正面態度

劉放是冰山家電公司的系統工程師，負責電冰箱售後服務工作。最近公司推出一種新的電冰箱，為了能夠搶先占領市場，公司沒有做充分的售前測試就將產品進軍到市場上去，結果顧客的投訴多如牛毛。作為售後服務部的主管，劉放忙得團團轉。由於冰箱設計瑕疵的原因，有很多問題劉放也解決不了，客戶就把不滿反映到了公司總經理那裡。總經理找到劉放，不問緣由，把劉放臭罵了一頓，最後威脅說「不想做了就走人」。劉放非常苦惱，自己辛辛苦苦、跑前跑後的給別人收拾爛攤子，出去了被客戶抱怨，回來了還要挨總經理的罵，罵錯了還不能對他發洩，心裡煩悶到了極點。

像劉放一樣，很多下屬在挨了批評之後，在一段時間內都會處於一種消極的心理狀態。具體情緒表現有焦慮、憂鬱、憤怒，甚至敵對、攻擊等行為。要走出挨批評之後的心理陰影，首先要對情況進行正確的評估，然後再尋求應對策略和解決的方法。

雖然下屬、員工們遭受批評的原因各不相同，錯誤也不一定就在自己身上，但是，在遭受批評之後，正面態度是第一要務。面對批評，下屬、員工們的第一反應往往是情緒激動，並試圖為自己的過失尋求開脫和辯解，特別是在受到誤解時。然而在情緒激動時的辯解多數會轉化成無謂的爭吵。跟主管爭吵顯然是不明智的，你的激動會強化對方的激動情緒，而你的冷靜可能會基本上平息對方的怒氣。讓批評你的主管平靜下來，對你是有利的。也只有冷靜，才能對自己在此事件中的表現做出及時、客觀的自我評價。

在某公司，關美娟一直是業績第一的員工，一次她認為公司一項具體的工作流程是應該改進的，就和主管包括部門經理提出，但卻沒有受到重視，主管反而認為她多管閒事。一天，她就私自違反工作流程。主管發現了就帶著情緒批評了她。而她不但不改，反而認為主管有私心，於是就和主管吵翻了，並退出了工作職位。主管將此事反映到部門經理那裡，經理也帶著情緒嚴肅批評了關美娟，她卻置若罔聞。於是經理和主管就決定嚴懲，開除她或扣獎金。關美娟拒不接受。於是部門經理就把問題報告給了公司總經理。總經理為了維護公司的利益及制度，對關美娟毅然實行了處罰。

正面態度還有助於思考事情的原因，並想出積極的解決問題的辦法。有的主管會注意你在挨批評後的態度，以決定給予追加懲罰或安撫，還有的主管故意設置一種情境來觀察你的反應。你雖然難以事事應對正確，但是，保持沉著冷靜、處變不驚的心態會為你在主管面前贏取一個好的印象。從個體說，這是一種為人處事的技巧，從大局說，這種做法有利於整個團隊事業的發展。

下屬、員工挨批評終歸不是什麼好的事情，在被主管批評完了以後要認真想想怎麼樣才能把工作做好，然後努力的去實行。即使最後的工作效果未必如主管當初要求的那樣好，但有時你表現出來的知錯就改，並且「戴罪立功」的態度就能感動曾經對你發過火的主管，如果再取得不錯的業績的話，就更容易得到主管的原諒了。這樣，也就不難明白，一個受到過猛烈批評的下屬、員工，怎會在短時間內忽然又「平步青雲」了，這是主管與受批評的員工良性互動的結果，也是比較理想的結局。

我們在工作中也會發現，有些主管的批評是對人不對事的，其中的原因有許許多多。對於這種批評，可不必放在心上，運用「阿Q」勝利法在精神上超越對方。但對於大多數受到了錯誤批評的下屬來說，很難有足夠強大的心態來發揚「阿Q」精神，更多的時候下屬們需要外界的幫助。

受了主管的訓斥以後心情極度糟糕，如果回到自己的部門後對同事和下屬亂發脾氣，他們只能對你敬而遠之。如果回到家裡也對妻子亂發脾氣，妻子也是受不了的。合理的方法是回到自己的部門以後把事情的來龍去脈告訴同事，得到他們的理解和支持，有可能的話讓同事們把事情的經過和原因再轉達到經理那裡，事情就好解決得多了。也可以找家人講一講，讓家人分擔一下自己的壓力。

還要努力去跟批評你的主管進行溝通，不要認為他成心要與自己過不去。事實上，很多誤解和偏見是由於交流太少造成的。也許你確實做得很努力，甚至一個人做的事情比部門其他人做的加起來還多，但是因為你沒有主動和有效跟主管和同事溝通，當出現問題的時候別人就只注意到問題，而沒有在意出問題的原因和你的苦衷，因此受到指責的還是你。

最後，要善於反思和總結失敗的經驗。如果你在公司裡經常挨批評，經常有人給你氣受，那就要想想到底是公司其他人都跟自己過不去，還是自己與人交往的方式和方法不對頭，或者是自己太敏感了。自己平時做什麼事會使人際關係緊張，做什麼事又會使人際關係融洽？面對主管批評時，每個人都會有不同的心態，也許是憤憤不平，心生怨恨。也許是自我反省，審視自己。最好的心態是正視批評，認識到自己的不足。

微軟公司的副總裁辭退了總經理艾力克。因為他雖然才華過人，但卻桀驁不馴。儘管這位副總裁十分愛才，希望艾力克留在公司，但他不能相信艾力克。當時，很多技術專家都來為艾力克求情，但是這位副總裁很堅定告訴他們：「艾力克聰明絕頂不假，但是他的缺點同樣嚴重，我永遠不會讓他在我的部門做經理。」結果，擁有愛才之心的比爾·蓋茲聽說這件事後，主動要求將艾力克留下做自己的技術助理。

這件事給艾力克帶來了極大的觸動，也讓他漸漸意識到自己的缺點和不足。後來，憑著自己的努力，艾力克逐步晉升為微軟公司的資深副總裁，而且非常湊巧，他成為這位副總裁的主管。艾力克不是一個心胸狹窄的人，他並沒有對這位副總裁懷恨在心，反而非常感激他。因為正是這位副總裁把他從惡習中喚醒，讓他有了今天的成就和地位。艾力克不僅沒有報復這位副總裁，反而在管理方面虛心向他請教，這時的艾力克已經懂得了怎樣做一個好的中層管理者。同時，這位副總裁也表現得非常優秀。當艾力克成為他的主管後，他並沒有流露出任何不服氣的想法，而是非常積極配合艾力克的工作，兩人相處得非常融洽，一直為公司的發展而共同努力和前進。

被主管批評時，首先不要有主管和自己過不去的想法，都是工作關係，工作上出現差錯才會被批，不是工作關係，主管也不會說。其次，站在主管的角度想一下，就會發現自己的缺點和錯誤，正視缺點和自己的不足，並改正。做到同樣的錯誤不發生第二次。再次，如果主管的出發點是為了顧全大局，只是方式、方法欠妥，也要給予理解和支持，工作中就是要相互配合、協作才能共同進步，共同發展。最後，用樂觀的心態看待主管的批評，看作是主管對自己的關心，努力工作，用行動、成績改變主管的看法。總結出經驗後運用到工作中去，相信會有一個改觀的。

從批評中汲取教訓

如果你在工作的時候，不小心做錯主管不願意出現的事情。主管就會嚴厲的批評你，說你在工作時是沒有用心的。你的主管就會責罵你半天，在主管的責罵時候，千萬不要跟你的主管頂嘴，如果跟你的主管頂嘴的話，你的主管就會把你趕出去。在人的一生之中，總有做錯事的時候，主管在罵你時候，也是為你好，你應該心平氣和來接受主管的批評，這樣你在下次工作時就再也犯這個同樣的錯誤了。

在某公司，有一個自小就是神童的人。他思維非常敏捷，富有創意，常常提出匪夷所思卻又情理之中的提案。後來，他把表叔一個辦事處的貨款占為己有，幾乎讓表叔破產。表叔批評他多次，他不但不思悔改，還美其名曰：「借。」他用這筆錢與人合夥做生意，賺到錢時，想甩掉合夥人，結果甩出官司，官司打下來，生意也沒有了。為了東山再起，他又到一個大企業做銷售經理，故技重施，再次捲款潛逃。這次也算幸運，他依然沒有受到法律的懲罰。但他卻一直過著逃亡式的生活，錢揮霍光了，身體也被逃亡折磨垮了。

有個好心的朋友勸他改正錯誤，他也答應改正。朋友便推薦到一個公司做分公司總經理。他進公司不到一個月，竟然就靠著靈活的腦袋和好口才籠絡了一批信徒。公司主管對他進行了多次批評，但他卻當耳邊風。他們這幫人的人生哲學是：「聰明人的鈔票，暫時放在笨人口袋裡。」這話從財富學角度來說，是頗有道理的。但是他們從笨人口袋裡取錢時，卻採取了「侵占」的手段。他的確高明，在公司主管風聞他的信徒們在搞集會時，他已經變更名目，把分公司的錢轉了三百萬元在他自己戶頭上。不過，就在他準備溜走的當天晚上，警察站在了他家的門口。

人非聖賢，孰能無過。在工作中，企業的員工必然要面對來自主管或同事的批評。對於來自企業內部的批評，如果能夠以「有則改之、無則加勉」的坦然態度去面對，自然能夠達到很好的自我提高的作用，但是如果不能夠很好的處理在面對批評時的心態，那麼批評很有可能達到反效果，要麼造成企業內部的不和諧，要麼形成巨大的心理壓力從而影響工作。因此，正確的態度面對批評，是一個員工能夠在企業中快速成長的重要一步，也是企業文化建設的重要內容。

在如何面對批評的問題上，不同人由於自己性格或經歷不同，對待主管批評的態度也不同。一般人對待來自外界的批評採取的應對方式主要有三種：一是針鋒相對、二是否定自我、三是置之不理。對於第一種情況，一般都發生在能力或水準相當的下屬之間。誠然，每個員工都有其自尊心，在面對來自外界的批評時，首先想到的是抗拒，尤其是批評出自一個自認為並不高明的主管之口，就算明知自己有錯，「你憑什麼來批評我？」仍然是大多數人反唇相譏、無理占三分的充分理由。

對於第二種情況，大部分發生在對自己缺乏自信的人身上。有一個經典例子：

美國第二十八任總統伍德羅．威爾遜的助理是豪斯。有一天，威爾遜總統單獨召見他，同他商量一個問題。這個問題恰恰是豪斯早已深思熟慮過的。簡單的寒暄了幾句之後，豪斯便開始了滔滔不絕的長篇遊說，講得慷慨激昂、眉飛色舞。他為自己能醞釀出如此高明的計畫而感到格外得意，並不斷對威爾遜總統強調：「這可是我精心研究過的，你採納我的建議絕對不會有錯！」

但他沒有注意到，不太善於接受別人意見的威爾遜總統苦笑著說：「在我願意聽廢話的時候，我會再次請你來的。」這一句話使豪斯立刻沒電了，安靜了。他認為威爾遜總統根本不贊成這個建議，只好悻悻的離開了。

幾天以後，豪斯在白宮的一次宴會上驚訝聽到，威爾遜總統把他數天前的建議作為自己的見解公布於眾了！有了這次教訓，豪斯以後變得明智多了。他認識到，參謀助手不是決策者，也無法取代決策者的作用。

事實上，這樣的例子屢見不鮮，有很多人在面對批評時，沒有一個以清醒的頭腦去分析，久而久之，逐漸迷失了自我，所感受的壓力也越來越大。對於第三種情況，則多發生在職場老手身上，「走自己的路，讓別人說去吧。」是這類人的口頭禪！在流行「個性」的時代裡，這類下屬是越來越多，對於他們來說，或許會覺得自己活得瀟灑，但這種盲目的瀟灑也將使他們失去提升的可能。

鄧艾滅掉西蜀後，漸漸有些自大起來，司馬昭對他本來就有防範之心，看他逐漸目空一切，怕久而久之事有所變，於是發詔書調他回京，明升暗降，削奪了他的兵權。

雖然鄧艾有帶兵打仗的謀略，卻沒有自知之明，他既不清楚自己的危險處境，也不明白自己何以招來麻煩。他只想到自己對魏國承擔的使命尚未完成，還有東吳尚待去剿滅，因而上書司馬昭說：「我軍新滅西蜀，以此勝勢進攻東吳，東吳人人震恐，所到之處必如秋風掃落葉。為了休養兵力，一舉滅吳，我想領幾萬兵馬做好準備。」

多疑的司馬昭看後更懷疑他心存不軌，他命人前去對鄧艾說：「臨事應該上報，不該獨斷專行封賜蜀主劉禪。」鄧艾爭辯說：「我奉命出征，一切都聽從朝廷指揮。我封賜劉禪，是因此舉可以感化東吳，為滅吳做準備。如果等朝廷命令來，往返路遠，遷延時日，於國家的安定不利。《春秋》中說，士大夫出使邊地，只要可以安社稷、利國家，凡事皆可自己做主。鄧艾雖說不上比古人，卻還不至於做出有損國家的事。」

鄧艾強硬不馴的言辭更加使司馬昭不安之心大增，而那些嫉妒鄧艾的官員紛紛上書誣嶬鄧艾心存叛逆之意。司馬昭最後決定除掉鄧艾，他派遣人馬監禁押送鄧艾前往京師，在路途中將其殺害。

什麼是科學的態度呢？首先，要有一個坦然的心態，作為一個年輕員工，在很多方面都缺乏經驗，虛心聽取他人意見，認識到自己的不足，是提高自身業務水準的重要一環；其次，在面對主管的批評時，下屬要懂得進行自我剖析，避免矯枉過正，優秀的下屬能夠從不同意見中吸取精華，尤其是應對來自主管批評的壓力時，下屬一定要保持清醒的頭腦，不要被批評的壓力影響自己的判斷力，否則事情就會越做越糟；第三，下屬要有寬大的胸懷面對批評，俗話說「良藥苦口」，下屬要真正做到正確面對批評，必須讓自己心胸廣闊，「睚眥必報」將成為自己前進道路上的絆腳石。

企業內部的批評是就像發熱是人體免疫功能的正常反應一樣，對企業的健康發展是必不可少的。當然，在這裡所說的主管批評，必須建立在誠信的基礎上，是善意的批評，失去了誠信，這樣的批評便成了誹謗。對主管而言，把握好批評的語言藝術是其批評能否達到「治病救人」效果的關鍵，對於下屬而言，一個正面的態度去接受批評，則是其自身能力得到提升的重要前提。

千萬不要和主管發生爭執

張寶常大學畢業後就在公司上班。五年以來，張寶常一直保持少說多做的作風，和誰都不多說話，別人說什麼他都認為與自己無關。有時候，即使別人說了對他不利的話，他也覺得無所謂，因為他認為只要做好自己的工作，主管自然會看得到，肯定不會虧待自己的。

讓張寶常沒有想到的事情還是發生了。那天他正在做一個新的工作任務，主管怒氣沖沖的來到他面前，將一個檔「啪」的摔到了他的桌子上，怒吼：「張寶常，你在這裡也不是一天兩天了，怎麼連這點事都做不好呢？簡直是一塌糊塗！」

張寶常正在專心工作，被這突如其來的批評一下子給弄懵了。他拿過檔案來一看，發現上面雖然簽的是他的名字，但卻不是他做的檔案。於是他平心靜氣說：「這個檔案不是我做的，雖然寫的是我的名字……」聽了這話，主管更加惱怒：「不是你做的是誰做的？寫的就是你張寶常的名字，你以為我不識字呀？也不知道你們現在這些年輕人是怎麼了，總喜歡推卸責任！」

主管的話讓張寶常非常生氣，他覺得自己在公司辛辛苦苦的工作了五年，別說這份報告不是自己寫的，即便是，出了什麼錯誤，也不至於對自己發這麼大的火啊！何況還當著辦公室裡這麼多人的面向自己發火，難道就不能給自己留個面子嗎？連最起碼的尊重也不給！於是，張寶常壓住火氣說：「從今天開始，你再也不是我的主管了！」

主管愣了一下，問：「你這是什麼意思？」張寶常平靜說：「我要辭職！」主管指著檔案問：「這報告怎麼解釋？你要賠償我損失！」張寶常拿起文件：「我不做了，你要損失，上法院告我去吧！」說完張寶常就離開了，一點也沒有惋惜這五年來的辛苦和成就，一點後路也沒有給自己留。

半年後，張寶常再次遇到那位主管，他才知道，當時主管的舉動完全是為了考驗一下張寶常的應變能力，因為他當時想把張寶常調到公關部門去擔任主任職務，而外聯工作需要很多的應變能力。五年來，張寶常給他的印象是工作踏實、性格沉穩，但不知道他處理突發事件的能力如何。所以，他就想出了那個主意。張寶常聽了之後心裡十分懊悔。他知道一切都太遲了，他徹底失敗在那個被主管安排好的測試中……

有時候，主管會對你發脾氣，這是因為他所處的地位不同，肩負的責任不同，特別是企業主管者，肩負的責任更大，他的壓力也更大。他是一個企業權力的行使者，凡是企業的問題，他都有責任管，管不好要承擔責任。這種權力使他可以安企業需求管理下屬、分配工作，並實施懲罰和獎勵。對下屬發脾氣，是因為下屬沒有按照要求落實工作、遵守規章的一種懲戒。發發脾氣要比溫和的批評和規勸強烈的多，在很多時候也有效的多。現代領導學研究證明：一次強烈的刺激要比多次低度的刺激更能夠對其產生作用，更能影響以後的行為。這種影響，往往令下屬、員工終身難忘。

的確，發脾氣已經成為不少主管推進工作的一種方法。事實證明：發脾氣的確也是一種有效方法。只要運用得好，可以收到意想不到的效果。它比說服教育更能達到預期的目的。主管善於運用發脾氣，還可以達到文武結合、一張一弛的管理效果。如果平時很少發脾氣，一旦動怒則舉座皆驚，令下屬生畏，讓員工不敢忘懷，不再輕舉妄動。就一般的情況來看，主管發脾氣往往與工作有關，即主管常常是有意無意的在用發脾氣的手段去達到一定的工作目的。發脾氣對於一般人而言是一種應該控制的不良情緒，但對於主管而言往往代表著一定的權威，這一點可以從戰場上前線指揮員的行為態度得到驗證。不少指揮員在激戰時都是發著脾氣指揮作戰。發脾氣往往能使下屬產生心理震撼。

艾森豪決心扭轉一下軍隊中存在的歪風邪氣。一次，艾森豪巡視卡普里島，看到一所豪華的大別墅，他問道：「這是誰的別墅?」「先生，是您的。」有人回答，「是布徹先生安排的。」艾森豪指著另一所更大的豪宅問道，「那所呢?」「那是斯帕茲將軍的。」艾森豪怒火中燒，大聲吼了起來：「去他的，這不是我的別墅，那也不是斯帕茲將軍的！只要我一天是這裡的頭頭，這些別墅就一天不屬於任何將軍！」他頓了頓，強壓著心頭的火氣說：「這裡要成為休養中心，成為戰士們的休養中心！而不是軍官的俱樂部！」上岸後，他馬上打電報給斯帕茲，訓斥他說：「這直接違反我的政策，必須馬上停止！」如此的關心部下，是艾森豪的典型作風。

主管批評你的時候，一定要靜下心來聽明白。切記，千萬不要和主管發生爭執。因為一旦發生爭執，受傷的最終還是自己！你可以告訴主管，你已經做好了聽的準備，請他坦誠的說，這樣很多心結就能大而化小、小而化無。如果是自己的錯誤，請懇切的道歉，以彌補自己的過失。如果錯誤不在自己，了解了真相後，主管更不會責怪於你。

下屬在與主管相處時，必須正確對待和妥善對待主管發脾氣的問題。否則，要麼會使主管小看你，要麼激化雙方的心結，從而使一方、或雙方遭受不應有的損失。對待主管發脾氣的正確態度是：只要主管不是有意侮辱人格，或故意找碴，你應該以忍讓為上。特別是當你在工作上出了差錯，主管為此發脾氣時，下屬最愚蠢的行為莫過於當時與主管對抗、頂撞。此時，你不僅應該忍耐，而且應主動表示認錯。因為，事實證明，糾正一個下屬的錯誤的最好方法，與其好話說了一籮筐，不如適當發點脾氣，只要不超分寸，教育效果往往優於和風細雨。因此，對待主管因工作問題發脾氣的正確態度是忍耐、自我反省、總結教訓。

在主管發脾氣時，如果你認為自己受到了委屈，也不應該當場頂撞和對抗，同樣應該忍耐，不同的是，你可等主管冷靜之後再向其做解釋。當然，這是指比較重大的事情，對於一些不涉及切身利益和個人尊嚴的小事情，你則大可不必與主管斤斤計較。值得指出的是，那些在主管對其發脾氣之後，特別是受到委誤解時，能主動向主管表示親近的下屬，將會被視為聰明、有理智的下屬。這不是委曲求全，而是一種良好的素養修養。

主管發火時，下屬要控制住自己

在一個企業裡，下屬服從主管的安排是天經地義。但當你將目光聚焦於某個企業、某個公司時，桀驁不馴的下屬卻不乏其人，甚至每個員工都有過刁難、衝撞主管的時刻。同樣是服從，主管的感受卻大相徑庭，期間最有效的真理是，唯有服從是關鍵。

下屬在工作中要明確自己的位置，要虛心接受主管的教誨。當受到批評時，最忌當面頂撞主管。當面頂撞是最不明智的做法。既然是公開場合，你下不了台，反過來也會使主管面子上無光。其實，如果在主管一怒之下而發其威風時，你給了他面子，這本身就埋下了伏筆，設下了轉機。你能坦然大度的接受其批評，他會在潛意識中產生歉疚之情或感激之情。

下屬受到主管批評時，便要與主管反覆糾纏、爭辯，希望弄個一清二楚，這是很沒有必要的。如果確有冤情，確有誤解的話，可找一個適當的機會說明一下，點到為止。即使主管沒有為你「平反昭雪」，也完全用不著糾纏不休。這種斤斤計較的下屬是很讓主管頭痛的。如果你的目的僅僅是為了不受批評，那可就大錯特錯了，因為你沒有犯錯誤，主管也不會批評你的，再說，一個把主管搞得筋疲力盡的員工，是不可能得到晉升的。

下屬在主管發火時要控制住自己的心態。當你與主管相處時，盡量不要感情用事。因為主管為了企業的發展，會站在全面的角度上處理某一個具體的事情。有些工作一旦沒有達到預期效果，就會累及到整個企業的成功與否。此時，有很多主管冷靜不下來，「城門失火，殃及池魚」，下屬就成為他看著煩、聽著厭的目標。在不了解情況時，作為下屬千萬不要衝動，因為主管的發火有時是沒有什麼依據的。此時應該弄清原因對症下藥，不僅能夠化解主管的怒氣，還會讓他對你的冷靜留下深刻的印象。

孫保機在一家商貿公司工作。一天，公司經理由於與外商談判進行得非常不順利，本來談妥的事情又中途變卦。當他怒氣沖沖的回到辦公室，見到辦公室亂七八糟，心情更加煩躁，不分青紅皂白就大罵起來。此時，孫保機正在慢條斯理的看報紙，以為主管是對著他來的，加上平時就以為主管好像對他有意見，心想：自己的工作做完了，看會報紙還挨罵。於是與經理爭吵起來。另一位同事連忙過來，向經理問明了情況，主管此時也有些醒悟過來，直言：心情不好，不好意思。對孫保機卻悻悻然，感到他不懂事。

在主管發火時，要麼採取不理不睬的方法，要麼就主動上前，給他分憂解愁，切不可與主管爭執不休，那樣是最不理智的。在主管發火時，首先不要妄加猜測主管是否有什麼樣的目的，要保持冷靜；其次用交換角色的方法，尋找主管發火的客觀原因，並予以諒解。最後，要引導對方把他的原因說出來。這樣，就掌握了控制自己情緒的主動權。頂撞只會使主管在一怒之下開除了你，即使冷靜之後，也對你沒有什麼好印象了。因此不要當面頂撞主管。頂撞主管時必須考慮他的面子問題，不要令人下不了台。當面頂撞是最愚蠢的。

要想避免頂撞就要和主管交談時達成彼此間的默契，尋找自然活潑的話題，令主管有機會充分發表意見，你可以適當作些補充，提一些問題。這樣，主管便能自然而然認識你的能力和價值。不要用主管不懂的技術性較強的術語進行交談。否則，主管會覺得你在故意難為他，也可能覺得你的才幹對他的職務會造成威脅，從而對你產生戒備，有意壓制你。

假如有一天，你發現自己成了主管咆哮的靶子，是默默忍耐、違心道歉；還是選擇針鋒相對的與之相對咆哮；抑或是被委屈和氣惱吞沒，在三小時內決定辭職，並發誓自己將來絕不再為人魚肉工?意氣用事顯然是容易的，但最終吃虧的是你，而不是主管。除非你有那個實力做主管，否則都可能與主管面對面，唯一的方法是在主管已經失控或假裝已經失控的情況下，你自己不要被他嚇得失去理智，或被激怒，冷靜分析主管大發雷霆背後的真實目的，才能幫你想一個應對的萬全之策。

廣告公司的張華素就遇到了這樣「絕不允許出錯」的主管，該主管一生謹慎，最怕惹上糾紛，要求手下每個員工每拍一組廣告毛片，都要發回廣告客戶處徵詢修改意見，並請他們簽字確認，偏偏那一天張華素發毛片回去，對方負責廣告審讀的副總去了新加坡，要十天以後才能回來，張華素自己也急著飛東京觀摩年度廣告攝影盛會，就央告對方的公關部經理簽了字。結果，十天後對方的副總急急打電話來要求重做，張華素人還在日本，助手竟回答人家「要是重拍，誤了電視台的檔期誰負責？」……導致雙方的合作直接從蜜月期跨入冰河期。張華素一回來就被主管叫去訓話，未及二十分鐘，主管的咆哮幾乎引來了一走廊的人。張華素認為主管太小氣了，他一定是為公司損失的那幾萬元違約金痛心不已。

其實，當下屬們犯下低級錯誤，主管的動怒程度取決於下屬是否真誠的認錯，是否懇切的表示接受一切處罰。很遺憾的是，無論是經驗豐富的下屬還是新人級員工，第一反應不是公司為之蒙受了多少信譽上的損失，而是自己將為錯誤本身付出多少代價，比如：扣罰多少獎金，以及職位是否保得住，因此，他們的第一反應是推卸責任，把錯誤的發生原因推給客觀條件，推給他人或下屬。但是，一般人在錯誤面前百般搪塞的行為，看上去是「趨吉避凶」的聰明做法，卻在第一時間點燃了主管的怒氣。

在成為企劃公關部經理四年後，趙玲已經了解了規律，只要董事會一開過全體執行董事及部分獨立董事的廣大會議，企劃公關部遞送到老闆們那裡的方案，就很少有一次獲得通過的，老闆們這一階段的脾氣特別壞，要求也特別刁鑽，總希望你的方案投資少、成效快，萬無一失，你還不能抱怨說：哪有要馬好又要馬不吃草的好事？一提要高投入才能完成大製作，老闆們就生氣，就拎出執行董事們提供的同行利潤，成長率來咆哮：「為什麼別人的年度成長能達到百分之十一，我們才百分之五？！」下屬覺得現在競爭這麼激烈，老闆們在董事們那裡承受了百分之百的壓力，回過頭來就會將百分之兩百的壓力強加給下屬們，真的是在人屋簷下，不得不低頭。

主管的壓力當然會逐級下放，但「咆哮」著下放的壓力，很可能不及咆哮者所承受的一半。在絕大多數情況下，壓力在逐級傳遞的過程中會消解掉一部分，就像海嘯的能量，透過環島礁石群時得到第一次減弱，透過淺海紅樹林時又得到第二次減弱，我們只知道承受老闆的咆哮時委屈萬分，誰知道老闆在董事長那裡領受的壓抑和懷疑是我們的數倍？而董事長們面對的是變化多端的市場，他們才是在風口浪尖上，他們發脾氣，也是平衡身心的一種重要手段，壓力太大了，稍有不慎上億投資極可能化為烏有。問題是，如果我不想成為他們宣洩的標靶，怎麼辦？

如果你自覺已經問心無愧，認為主管們的指責完全是市場與董事們施壓所致，千萬不要當場就與主管辯白，在老闆辦公室裡怒吼、哭泣，以及逐條批駁主管的論據都是不明智之舉，前者表現了你衝動易怒的一面，後者則有可能被主管視作「狂妄」，他很可能會加大鞭策力度，來懲罰你的「不知天高地厚」。了解到主管們週期性的「咆哮期」是受到市場潮汐的影響後，你不妨以「四兩撥千斤」的方法來轉移主管的怒氣，幽默感是這一情境下最需要的調味料。

接受主管的批評

在工作中，任何員工在一個企業工作時間長了，都免不了會受主管的批評，但我們大可不必為此憂心忡忡，拼命為自己喊冤叫屈，實際上，主管批評或訓斥下屬，有時是發現了問題促進糾正；有時是出於一種調整關係的需要，告訴下屬們不要太自以為是，或把事情看得太簡單；有時是為了顯示自己的威信和尊嚴，與下屬保持或拉開一定的距離；有時「殺一儆百」、「殺雞儆猴」，不該受批評的下屬受批評，其實還有一層「代人受過」的意思……搞清楚了主管是為什麼批評，你便會把握情況，從容應付。

受到主管批評時，最需要表現出誠懇的態度，從批評中確實接受了什麼，學到了什麼。最讓主管惱火的，就是他的話被你當成了「耳邊風」。而如果你對批評置若罔聞，我行我素，這種效果也許比當面頂撞更糟。因為，你的眼裡沒有主管。

林大勇為一家公司工作六七年了，其間風風雨雨的大事小事發生了不少，但有一件事情讓林大勇記憶猶新，意義深遠。

那是一個星期天，員工們對公司模具部門的工模進行盤點，作為主要負責人的林大勇對盤點事項做了詳細的安排，大家在悶熱的生產線裡忙忙碌碌，有條不紊的進行著各項工作。林大勇的主管不知什麼時候過來了，看了林大勇的工作步驟後斷然說：「停下來，停下來！」然後又指點林大勇應該如何如何，林大勇跟他解釋說自己的方法是怎樣怎樣的，這也是他多年來的經驗累積，並且大家都已熟悉了這種方法，工作進行得很好，你的指示雖好，但用於模具盤點不合適。主管立即陰沉了臉，非常惱火的命令林大勇，必須按他說的要求去做。因為他的指示裡含有明顯的漏洞，林大勇當然覺得自己有理，就據理力爭，接下來難以自控的與主管發生了激烈的爭吵，雙方都暴跳如雷。最後林大勇說，既然你那麼堅持，那你就讓他們按你說的去做吧，林大勇不想這樣做，說完他就離開了生產線。事後，林大勇問過同事，他們最後還是遵循了林大勇的方法，主管的提議在實際工作中根本行不通。

之後，林大勇的工作依然像以前一樣忙碌，主管也沒有再提什麼，這事也就漸漸淡忘了，只是每次同事獲得加薪或晉升，而林大勇卻靠邊站。倆人見面的時候，他對林大勇歉意的一笑，意味深長的眼光，讓林大勇猛然醒悟到什麼，林大勇知道，其實這件事情還沒有過去，至少對他而言如此。

林大勇選擇了離開。離開公司的那天，林大勇的內心很平靜，波瀾不驚的跟主管談了自己的想法和原因，然後客氣的相互祝福。但臨走的一刻，林大勇還是忍不住問了他：自己一次次的晉升無望是不是因為那件事，主管先是搖了搖頭，後又肯定的點了點頭，說：「你要記住，沒有哪個主管願意被人頂撞，哪怕是只有一次！」

作為下屬，你一定要懂得：對主管的批評不要不服氣和滿腹牢騷。批評有批評的道理，主管的錯誤批評也有其可接受的出發點。更何況，有些聰明的下屬善於利用主管批評與其拉近關係。也就是說，只有這樣你才能了解主管，接受批評才能展現對主管的尊重。所以，批評的對與錯本身有什麼關係呢？比如說錯誤的批評吧，對你晉升來說，其本身是有相當影響的。你處理得好，反而會成為有利因素。可是，如果你不服氣，當面頂撞，那麼，你這種行為所產生的不良結果，足以使你和主管的感情惡化。當主管認為你是這樣一個扶不起的阿斗時，也就產生了相關印象——認為你無用之極、提拔不得。

受到主管批評時，最忌當面頂撞。當面頂撞是最不明智的做法。既然是公開場合，你下不了台，反叛過來也會使主管下不了台。其實，如果在主管一怒之下而發其威風時，你給了他面子，這本身就埋下了伏筆，設下了轉機。你能坦然大度的接受其批語他會在潛意識中產生歉疚之情，或感激之情。

日本一家電器公司的主管準備物色一位職員去完成一項重要的工作，在對眾多的應聘者進行篩選時，他只問一個問題：「在你以往的工作中，你犯過多少次錯誤？」他最終把工作交給了一個犯過多次錯誤的員工。開始工作前，他交給該員工一本《錯誤備忘錄》，囑咐道：「你犯過的錯誤都屬於你的工作成績，但是你要記住，同樣的錯誤屬於你的只有一次。」這說明，主管會給員工犯錯的機會，但是不希望下屬犯同樣的錯誤。

一旦受到主管批評，下屬便會反覆糾纏、爭辯，希望弄個一清二楚，這是很沒有必要的。確有冤情，確有誤解怎麼辦？即使主管沒有為完全向你認錯，也用不著沒完沒了。的確，一個把主管搞得筋疲力盡的人，又談何晉升呢？

下屬受到批評，甚至是某種正式的處分，也要接受。在正式的處分中，你的某種權利基本上受到限制或剝奪。如果你是冤枉，當然應認真申辯或申訴，直到搞清楚為止，從而保護自己的正當。但是，受批評則不同，即使是受到錯誤的批評，使你在情感上、自尊心上，在周圍人們心目中受到一定影響，但你處理得好，不僅不會得到處罰，甚至會收到更有利的效益。相反，過於追求弄清是非曲直，反叛而會使主管感到你心胸狹窄，經不起任何誤解，對你只能戒備三分了。

第三章　懂得維護主管的形象

主管形象代表著一級組織的形象。下屬有一個自覺問題。對主管決策，不能不負責任的亂議論。同時，還要注意維護主管的威信，敢於說真話，諫直言，特別是在一些具體工作上，下屬更應該給主管當好參謀。

在眾人面前給主管面子

唐太宗李世民是以善於納諫著稱的明君，但也曾因魏徵當面指責他而感到生氣。一次，他在宴請群臣後，酒後吐真言，對長孫無忌說：「魏徵以前在李建成手下共事，盡心盡力，當時確實可惡。我不計前嫌的提拔任用他，直到今日，可以說無愧於後人，但是魏徵每次勸諫我，當不贊同我的意見時，我說話他就默然不應。他這樣做未免太沒禮貌了吧？」長孫無忌勸道：「臣子認為事不可行，才進行勸諫；如果不贊成而附和，恐怕給陛下造成其事可行的印象。」太宗不以為然的說：「他可以當時隨聲附和一下，然後再找機會陳說勸諫嘛！這樣做，君臣雙方不就都有面子了嗎？」唐太宗的這番話流露出他對尊嚴、面子的關注，反映了主管的共同心理。

歷史上，因不識時務，不會看主管臉色行事而遭殺頭的人不在少數，其中不泛一些忠心耿耿的英雄豪傑，如三國時的許攸就是因為當面頂撞而遭殺頭的。現實中有意無意的給主管丟臉、損害主管的權威、常常刺傷主管的自尊心的也大有人在，因而也常常遭到公報私仇的結果。其實，這不能全怪主管，即使寬容的主管也希望下屬維護他的面子和權威，而對刺激他的人感到不舒服、不順眼。在眾人面前給主管面子，維護主管形象，為其擔責分憂，也是與主管相處時，下屬所必須注意的一個重要問題。

1．不探聽主管保密

在工作中，對於主管的祕密，不論是工作祕密還是個人祕密，應該知道的可以知道，不應該知道的，不要強求知道。下屬要控制自己的好奇心，不要有意識的去探聽主管的一些祕密，更不要費盡心機、利用一切關係手段探聽。有時還要主動迴避。有些下屬以在主管身邊工作知道祕密多為榮耀，喜歡別人從自己嘴裡探密，用以顯示自己的身分地位。其實，這是一種非常淺薄的做法。下屬不要以談論「主管祕聞」來炫耀；不要把打探主管隱私並亂加猜測、隨便傳播，作為自己高人一等的表現；不要以向親朋好友傳播鮮為人知的主管祕密為樂趣。

2．絕不傳播主管的閒話

我們常說的「泰山壓不死人，舌頭卻能壓死人」，其實說的就是閒話害人。閒話是一種無聊，背後輿論，它可以敗事，也可以成事；可以幫人，也可以毀譽。它具有刺激、獵奇的特點，認真來說，常會什麼結果也沒有，只會給個人增加煩惱。

下屬在得知主管的一些小道消息時，應立足於維護主管的形象，以巧妙的方法加以應對。首先，不要內醜外揚，附和對主管不利的傳言。無論對主管有什麼意見和看法，不在外邊宣傳，不對外人流露，可以在內部透過討論、批評與自我批評或者協調的辦法加以解決。對自己的主管進行詆毀，等於是在破壞自己的榮譽。其次，揚善不溢美。對主管的宣傳要實事求是，不擴大，不修飾。宣傳主管不是把主管掛在嘴上，而是從實際出發，關鍵時刻用事實說話，以正視聽。再次，要善於聽傳言。聽傳言可以了解大家對主管的真實看法，可以發現工作漏洞。所以，作為下屬，尤其是主管身邊的工作者，要學會聽傳言，正面的、諷刺的、隱晦的都要聽。聽的時候，要沉住氣，也不要隨聲附和。如果涉及到自己的主管，不要辯解，不要否定，但也不要肯定。同時，聽來的傳言要過濾，對於正面的、有積極作用的內容，可以作為工作資訊加以利用。

3．幫助主管樹立廉政形象

領導者的形象如何，是否廉潔已成為衡量其業績的標準之一。翻開歷史的厚卷，凡是貪官的周圍都有一群汙吏為他推波助瀾；而凡是清官，在他的周圍也必然有一群公正廉潔的助手相佐。正如鐵面無私，為民請命的北宋包拯任開封府尹，他周圍的人公孫策、展昭、王朝、馬漢等人就發揮了不可低估的作用。

歸根結柢，以下幾點需要注意：一是下屬在主管身邊要成為「義務廉政監督」，讓居心不正的人望而卻步；二是為主管廉政提建議，當參謀。如唐朝的魏徵就促成了李世民的「貞觀之治」；三是要潔身自好，自我倡廉，讓群眾從主管身上看到領導者的形象。

4．為主管擔憂

主管在更大程度上代表著企業的整個利益。同時，主管也不是完人，也有無知的地方，也有無助的時候。因此，為主管分憂，在某種程度上也是忠誠於事業，忠誠於整體利益。當然，工作中，下屬在協助主管的時候應注意技巧。好心無好報往往是技巧不足的結果。

邱小虎在一家很不錯企業工作了五年。這幾年，邱小虎以一個小職員的身分在各個部門間調來調去。讓他最不能理解的是，新調去的部門主管，只讀過高職，自己這個科班出身且苦幹多年的「老鳥」，怎麼也想不通。後來，因為工作原因，邱小虎與高職主管有了一場爭執，決定辭職。還有兩個月就過年了，邱小虎決定有始有終，堅持到年底。之後，他憂鬱的心結就此解開。

此後，邱小虎一改過去擺老鳥的作風。不再計較高職學歷的主管安排任務時的語氣，不再計較哪個同事升遷、哪位同事加薪，不再計較年輕同事在背後叫他外號。邱小虎認真做好分內工作，每天帶頭把檢驗儀器擦得光亮；他會電腦平面設計，有關部門做活動，需要做海報或是簡易廣告，邱小虎利用業餘時間完成，客客氣氣送過去。所有的理由，都只為一個——就要走了。

離預定的辭職日期只有幾天時間，人力資源部經理打來電話，讓邱小虎去她辦公室。

他想，今天辭職也不錯。剛到辦公室，經理就遞給他一張《職員晉升提報表》。提議他擔任部門副主管，「部門主管意見」一欄中，赫然署著那位高職學歷的主管大名。

一般情況下，實際工作中除了那些原則性或特別嚴重的錯誤外，為主管從承擔一些責任也無可厚非。

維護主管的威信

無論是在哪個企業，身為下屬的你一定要懂得維護主管的威信。下屬在主管面前，應有好學虛心的態度，不能頂撞主管，特別是在公開場合更應注意，即使對主管有什麼意見，也應在私下與主管說明；遵從主管指揮，對主管在工作方面的安排、命令應服從；對主管的工作應該全力支援，多出主意，幫助主管做好工作；不要在同事之間隨便議論主管、指責主管；你在給主管提建議時，一定要注意場合，注意維護主管的威信。可以說，維護主管的威信，是下屬和主管相處的基本保證。你維護了主管的威信，當主管一旦發現你忠於企業，定會感激不盡。維護主管的威信，需要從一些點滴做起，一件微不足道的小事就能看出你是否在真正維護主管的威信。

一天，某公司人事處的孫處長正在辦公室批閱檔，這時，本企業一位以愛上訴告狀聞名的退休幹部劉大姐走了進來，說要找董事長。孫處長先熱情的招呼他坐下，然後敲開了董事長辦公室的門，請示董事長如何處置。董事長此時正忙局裡的業務，不想見劉大姐，只非常乾脆的對孫處長說了一句：「告訴他我不在。」就又低頭忙事情了。孫處長回到自己的辦公室，對劉大姐說：「董事長不在辦公室，你先回去，有什麼事我可以代你轉告。」既然這樣，劉大姐也無話可說，悻悻的離開了人事處。

約過了一個多小時，孫處長起身去檔案室，來到走廊，卻看見董事長與劉大姐在廁所門口握手寒暄並聽到劉大姐說：「剛才孫處長說你不在辦公室！」「哪裡，我一直在啊！」董事長毫不遲疑的回答。孫處長頓感渾身一陣冰涼。

原來，劉大姐離開辦公室以後，並未回家，而是極不甘心的在董事長辦公室的走廊內來回走動，恰巧碰上董事長上廁所，急忙前去打招呼。事後，劉大姐逢人就散布孫處長欺下瞞上，素質太差，沒有資格當人事處長的傳言。孫處長有口難辯。剛開始感到很委屈，後來一想，當主管的這樣做也是出於無奈，當下屬的應注意維護主管的形象，否則將給工作造成不良影響。所以，他從不對人解釋此事，聽到議論，也一笑置之。

在工作中，維護主管同事的形象也是下屬應具備的素養。由於工作繁忙和其他原因，主管不能或不大願接見某些來訪者，這是正常現象。下屬根據主管的用意以各種方式回絕來訪，也是工作需要。孫處長遵照主管用意處理此事無可厚非。尤其難能可貴的是他在遭人誤解時，也能從大局出發，坦然處之。

當著主管的面直接給予讚美，雖然也是一種維護主管的方法，卻很容易招致周圍同事的嘲笑。而且，這種正面式的奉承，所產生的效力反而很小，甚至有反效果的危險。與其如此，倒不如在主管不在場時，對其適度稱讚一番。這些讚美終有一天還是會傳到主管耳中的。同樣的，如果您說的是一些批評中傷的話，遲早也都會被洩露出去的。一個精明能幹的主管，即使在他管不到的部門內，必定也會安置一、二名心腹的。因此聰明的下屬不妨利用這些「網」，讓讚美的言詞流傳出去。一個人若連這點「智慧」都沒有，那他可就很難「高升」了！對其他部門的同事，不管是誰，也請不要忘記讚美他們。自己的下屬在其他部門是否受歡迎，這也是主管很在意的事情。自己的部下很得人緣，主管也會覺得自己很有光彩。如果又知道，那位部下在其他部門中不遺餘力的稱讚他，不用說，主管對這種部下的好感度是直線上升的。

主管是人不是神，任何主管也一樣，他也有辦錯事的時候，此時你該如何做？奮起抗爭與之唱反調，還是給主管一個人情？比較精明的下屬大概都會選擇後一種做法。

董某開始是一家機電有限公司的保全部副部長。他工作扎實，盡心盡力，在公司有較好的口碑。有一天早晨，他剛走進公司大門，便被財務部經理叫到了辦公室。「董副部長，你們保全部是做什麼的，昨天晚上安排幾個人值班？值班時都在做什麼？」財務經理衝著他劈頭劈臉就是一頓斥責：「你有不可推卸的責任，你當月的獎金全部扣除。」董某心裡不明白到底發生了什麼事，話又說回來，即使有事也怪不上自己。昨天晚上他休假，由陳部長帶班呀！再說，保全部又不歸財務部管，憑什麼財務部來指揮啊！董某滿腹委屈無處說。

事後，董某才搞清楚了事情的起因。原來，昨天晚上幾個盜賊潛進公司財務室，盜走了一筆款項，財務經理為此才發的火。儘管這樣，責任不在自己，為什麼要訓斥我，還要扣掉當月獎金呢？董某想來想去始終想不通。心高氣傲的他，委屈得直想哭。心想，自己平時工作那麼認真，為了公司的安全付出了多麼大的心血呀！財務經理憑什麼要處罰自己呢？

他很想找公司主管理論，以期向財務經理討個說法。可轉念又想：「人在屋簷下，怎能不低頭？如果為了這點事破壞了自己以往的形象實在有些不划算，就當一次代罪羔羊吧！」發生這件事後，董某沒有把自己的情緒帶進工作中，依然兢兢業業，依然任勞任怨，甚至見了財務經理依然彬彬有禮，好像什麼也沒有發生。

後來，警察局破獲了那天晚上的盜竊案，保全部陳部長因涉嫌此案被依法逮捕了。不久，財務經理當面向董某道歉，並向公司高層極力舉薦董某當保全部的部長，董某的晉級報告馬上得到公司的批准。

上面的例子就是維護主管威信的結果。如果董某在受到財務經理批評以後，委屈憤恨去找對方爭辯一通，怎麼會坐到這個位置？因此在和任何主管相處的時候，要學會維護主管的面子，學會承受被批評、被錯怪、被無端訓斥所帶來的苦痛。不能頂撞、不能爭辯、更不能和主管唱反調。只有這樣，才是真正維護主管，使主管不厭惡、不排斥你。

尊重主管的最主要表現

許攸自幼與曹操是好朋友，官渡之戰中，袁紹的兵力比曹操多多了，再但袁紹聽信讒言，不但不接納許攸的計策，還羞辱他。許攸知道他必敗無疑，遂決定投奔曹操。許攸離開袁紹投奔曹操後，建議曹操偷襲烏巢，使曹操大獲全勝。後曹操奪取冀州，也是許攸的建議。許攸因此居功自傲，乃至得意忘形，對曹操經常口出戲言，甚至稱呼曹操小名，在正式場合亦不知收斂。在一次聚會上，許攸對曹操說：「阿瞞，你沒有我，不會得到冀州。」曹操一聽哈哈大笑道：「你說的一點不錯。」嘴上雖這麼說，心裡卻非常不高興，以為許攸無禮太甚。後來，許攸率隨從出鄴城東門，有得意對左右從人說：「他們曹家沒有我，不可能出入此門。」此話傳到曹操耳中，終於忍無可忍，找機會殺死了許攸。

一般來講，主管在他分工負責的範圍內所作的各項決定，都是代表一個企業的決定，而不是代表他個人。所以，我們對主管的分配首先應該尊重。作為下屬應該懂得，尊重主管，不僅是對主管個人的尊敬，而且是顧全大局，支持主管的表現。特別在正式的嚴肅的工作場合，要講究禮節，維護主管的威信。但是，這種尊重不是恭維，不是畏首畏尾，更不能奴顏婢膝的討好主管。過度的恭維不僅得不到主管的支持和信任，反而會降低自己的人格和威信。

宋建生來公司時是很風光的，許多工作都不用主管的指點就漂亮的完成了。宋建生曾揚言，公司若有拓展分公司，他將會去上任總經理。主管從此特別討厭這位宋建生先生。

有人說，是因為主管的能力不如宋建生強；有人說，是因為宋建生說話太過傲慢；還有人說，主管擔心宋建生會取代他的位置。不管是什麼原因，漸漸的主管開始介入宋建生的工作。總是時不時的將自己的經驗運用到他的部門中，當發現不適用的時候，主管就會將工作再交回到宋建生的手中。對此，宋建生也無可奈何的忍受著，一次一次的整理著殘局。主管開始經常找他相信的人，詢問宋建生的動向、想法。所以，在公司大會上，宋建生以及他部門的部分積極工作的員工都被列為拉幫結派的對象。宋建生經常被請到主管辦公室，不再是詢問，而改為了批評。並以莫須有的罪名讓其認罪，經常弄得他莫名其妙。不認罪，主管就說「全公司都在說你錯了，你還不承認！」後來，宋建生就認了，但是卻不知道是何種罪。主管又說「你態度不好，光嘴上說說，就是不行動。」

而宋建生和主管的戰爭也漸漸的轉為明戰。主管說：是因為副總對宋建生印象不好。

而什麼才是事實，誰也不知道。漸漸的，宋建生的工作被別人取代。最後，宋建生只好離開了公司。

下屬尊重主管最主要表現就是支持和服從。所謂服從而不盲從、尊重而不奉承，指的是對主管服從的適應。沒有適應，就沒了生存的空間。你在工作中要主動請示彙報，自覺接受主管的安排，樹立主管的威信，甘當無名英雄。在工作中要注意謙虛禮讓，盡量給主管以體面；對私下議論主管的人，要好言規勸，正確引導；要主動關心主管的家庭困難，幫助解決。但是，我們不能把這種工作上的關係隨意延伸，致使同主管關係庸俗化。以下幾種情況應該引起注意：一是如果主管是你原來的下屬，或者親密的朋友，你也要真正的站在下屬的位置上，自覺接受和服從主管安排。如果擺架子、翻舊帳，不服從管理，容易引起主管的反感；二是如果遇到主管的才能不如自己的時，不要恃才自傲而過度顯示自己，應該多看主管的優點和長處；三是日常工作看似平常，其實是複雜的，我們所遇到的主管也不可能盡如人意。所以，如果遇到心胸狹窄、嫉賢妒能的主管時，千萬不能感情用事，要保持清醒的頭腦，採用適當的方式感化他；四是如果遇到主管道聽塗說時，要注意經常請示彙報工作，使主管對自己的工作有一個全面的了解。具體來說，還要做好以下五個方面：

1．尊重而不迎合

尊重主管是下屬應有的品德。我們認為，尊重主管的根本，一是維護主管的威信，從內心裡敬重主管；二是給主管全力支援，盡力協助主管做好工作。在為主管提建議時，要從維護主管的團結和威信出發，一視同仁，不能厚此薄彼。不能在這個主管面前說那個同事的短處，更不能把某些人的缺點散布到同事中去。也不能把服從主管庸俗到溜鬚拍馬、巴結討好的程度。

2．服從而不盲從

下屬工作和主管工作在目標上是一致的。所以，下屬對主管的指揮必須服從。下屬的每一個行動必須與主管合拍，為主管決策的每一個環節進行有效服務。要做到服從而不盲從，一是認真領會、忠實展現主管用意；二是要恰如其分的為主管拾遺補缺。但要注意，服從不是人身的依附，不是唯唯諾諾的趨附。

3．參與而不干預

下屬參與決策，必須在自己的職權範圍內、在主管授予的許可權內決定和辦理事項，提出建議或方案。即使所提的建議或方案被採納，下屬也不能認為這是在決策，更不能產生這是與主管共同決策的錯覺。這種錯誤思維會使自己錯位，甚至干預、左右主管的決策。也不能以下屬工作的主動性和超前性為藉口，把超前的建議當成超前的決策，而只能看作是主管決策前的服務。

4．輔佐而不自作主張

下屬在為主管決策出謀劃策的過程中，要辦理很多有關事務。在辦理時，不能不經主管同意，擅自加進個人意見。特別是主管決定了事項，不能再作修改。下屬如感到有必要修改的地方，須請示主管同意。在辦事時，也只能按主管的授權和意圖辦。在辦理過程中，根據實際情況，有些地方需改變主管用意的，必須報經主管同意，絕不能自作主張。

5．代理不等於職權

下屬常常在主管授權下，代理主管處理一些日常事務或工作事項。這容易使下屬產生自己與主管同樣有權的錯覺。必須明白，代理不等於職權。即使是主管授權辦理的事情，遇到問題時，也應該及時請示，辦完後及時彙報。辦理中出現的差錯，要耐心聽取主管的批評和指導。

當主管出現錯誤時

公司裡新招了一批職員，經理抽時間與大家見個面。「黃華，全場一片寂靜，沒有人應答。經理又念了一遍。一個員工站起來，怯生生的說：「我叫黃燁，不是叫黃華。」人群中發生一陣低低的笑聲。經理的臉色有些不自然。「報告經理，我是打字員，是我把字打錯了。」一個精幹的年輕人站了起來說道。「太粗心了，下次注意。」經理揮了揮手，接著念了下去。沒多久，打字員被提升為公關部經理，叫黃燁的那個員工則被解雇了。

在工作中，主管難免會出現錯誤：對某一領域並不太懂，而要你按照他的意思去做；你經過他的同意填寫的數字，事後他卻說他沒說過讓你這樣填寫；甚至他自己寫的數字，卻又推到你身上，說是你寫的；他自己說過的話，產生了不良後果，自己卻不承認……遇到這種情況，你會怎麼處理？

戚光東和金山城是大學同學，同時進入一家大公司的市場部工作，聽命於同一位主管。兩人工作能力和表現都不錯，兩年以後都成了市場部菁英。可是兩人在工作風格上有一個最大的不同，那就是當主管的決策出現問題時，戚光東往往會直言不諱的當著眾人的對著主管指出來。如果主管安排的事情有明顯的錯誤，戚光東甚至會不辦理。金山城則完全不同，當他覺得主管的決策有問題的時候，他會先私下給主管寫一封電子郵件，表明自己的想法和擔心。如果主管堅持，他也能認真去實施，盡量完成主管的想法。即使失敗，他也主動承擔自己那部分責任，從來不在眾人面前抱怨主管。三年過去了，主管升遷在即，在挑選接班人時，他毫不猶豫選擇了金山城。

如何對待主管的錯誤，如何「批評」主管，在公司裡是一個很敏感、很微妙的話題。員工普遍存在兩個認識上的盲點：一是認為老虎鬍鬚摸不得，主管的錯誤提不得，最好睜一隻眼閉一隻眼，只當不知道，反正出了問題由主管自己擔著；另一種想法認為，現代企業提倡民主，看到主管有錯誤應該立即坦率的指出來，這才是主人翁姿態。第一種是明哲保身的態度，但不要忘了主管的許多錯誤會與員工的工作息息相關。錯誤決定會導致大量無用功，導致員工自身業績下降，主管最終很可能怪罪到你的頭上，認為是屬下的無能導致了失敗。如果他知道你原先有想法卻不說，反而會更加憤怒。後一種人其心可嘉，其言卻不可取。這類員工往往過度高看了主管的心理承受能力，忽視了主管「被尊重」的心理需要，不知不覺中就得罪甚至傷害了主管的自尊心，為自己的職業發展埋下了禍根。戚光東就是中了這一招。

如何正確有效對待主管的錯誤，是判斷一個下屬為人處事是否成熟的標準。頂撞主管，表面的直言不諱，忠言逆耳，實際上卻是讓主管無退路與威嚴，可能會影響到其自尊心；過度的怠工與無所謂，也會讓主管失去管理的方向。必要時，給他人一個台階，特別是給主管一個台階，同時也是在給自己台階。因此，如何對待主管出現的錯誤，需要把握好以下幾條原則：

一是從上下級關係定位來講，服不服從是首要的，要維護主管威信，不維護主管威信你的威信就高不了。作為下屬的你，不要將主管看成完美的人，不要以為主管心理都很健全、理性、大度。恰恰相反，有不少主管通常感情用事，有時也不那麼公正（雖然他們自以為公正）。尤其是主管的自尊心一般都比較強，「大度」通常是做給別人看的，心底裡也是喜歡被讚美，害怕被指責。如果理解了主管真正的心理需求，員工在表達想法的時候就不會過於坦率。「適度」是向主管表達意見最重要的修養，是對他人尊重的表現。再說，人無完人，孰能無過？每一個人都想把工作做到最好，但是很多時候，客觀或主觀的原因，難免會產生落差。遇到主管發生錯誤的情況，我們首先應該給予諒解。設想如果自己是主管，你能保證凡事萬無一失嗎？事事公平公正嗎？既然不能保證，那麼就要尊重你的主管，寬容的對待他的失誤。

二是不只將主管看成主管，而要看成你的客戶。銷售人員對此最有體會，當顧客有了不合理甚至錯誤的要求時，直截了當的拒絕或表達憤怒、抱怨往往無濟於事，搞不好還會激怒客戶，丟掉訂單。最好的方法是畢恭畢敬、小心謹慎，或曉之以禮、動之以情，最終只有一個目標，盡量減少錯誤，最終拿到訂單。

金山城就是將主管看成自己的客戶，幫助主管實現了他的目標。當主管出現錯誤的決策時，你要做的就是以最恰當的方式，提供你的建議，並努力提高工作績效，使之朝最有利的方向發展。

所謂「主管的錯誤」其實只說明你和主管看問題不一致。員工不是主管，常常不能從更高的視角來看待問題。另外，敢於替主管承擔部門決策失敗的責任，是一個成熟的下屬應有的心理能力。這種能力可以真正幫助主管和企業成長。

其次，要主動溝通。遇到這種情況，要主動和主管溝通。採取的溝通方式要看你的主管的主管風格。如果你的主管很開明，很樂於聽取逆耳的忠言，你就可以主動面對面溝通，但是要講究講話的藝術；如果你的主管不喜歡別人當面提出來或不善言談，那還是發郵件或其他方式。無論你採取什麼方式，一定要記得：任何主管都講究尊嚴，誰都希望得到尊重，所以你要在主管意識到自己的錯誤之前，要充分的、毫無懷疑的執行他的命令，直到他意識過來，找到你，要求改正。千萬不能消極怠工，等著主管採納你的意見或建議後，才開展工作。

稍微有點歷史常識的人都知道，一直以善於納諫著稱的唐太宗，不是有幾次也想殺掉忠臣魏徵嗎？任何人都有個忍受的度，尤其作為個企業的主管，最講究的是面子和尊嚴。我們在向主管提意見的時候，一定要態度誠懇，方式考究，並充分為主管著想，講究語言和溝通藝術。

三是要有充分的論據，證明你是正確的。在同主管溝通之前，一定要記住，你要有充分的理由和論據，證明主管的做事方法或思路或其他方面是不可取的。如果沒有合理的依據的話，就不要去碰釘子，那是找碴。你只要嚴格執行主管的要求就可以了。

四是要合理的堅持。很多時候，即使你說的是對的，主管也意識到了自己的錯誤，但是出於面子和以後工作的開展，他可能不會立即當著你的面改正過來，或許要經過一段時間才能按照你的建議做出更合理的決定。所以我們對我們肯定正確的事情要合理的堅持。確信對公司有好處，我們就要採用恰當的方式合理的堅持下去。

如何當好下屬

古時候，有一個國王想考考他的大臣，就讓人打造了三個一模一樣的小金人讓大臣分辨哪個最有價值。最後，一位老臣用一根稻草試出了三個小金人的價值，他把稻草依次插入三個小金人的耳朵，第一個小金人稻草從另一邊耳朵裡出來，第二個小金人稻草從嘴裡出來，只有第三個小金人，稻草放進耳朵後什麼響動也沒有，於是老臣認定第三個小金人最有價值。

同樣的三個小金人卻有著不同的價值，第三個小金人之所以被認為最有價值也在於其能傾聽。其實，人也同樣，下屬是主管的參謀和助手。下屬要處理好自己分管的事務，要處理好與其他人員的關係，要處理好同主管的關係。下屬是主管團隊中常見的職位，又是一個特殊的職位，由於下屬處在眾多的心結介面之中，因此也就成了主管科學研究的重要內容之一。如何當好下屬呢？

1．要胸有全面

一個不成文的說法是：胸有全面是主管的事，下屬只要做好分管工作就可以了。這種說法雖然常見，卻是認識上的一種盲點。下屬不僅要做好自己的「一畝三分地」，更重要的是善於從全面高度分析思考問題。

趙峰高職畢業後，找一份好工作成為他大的難題。幸好朋友的一個朋友願意接受他。他一家集團公司的經理，他安排趙峰在總部當收發員。從此，趙峰就在公司總部大樓上班了。

剛做了半個多月，趙峰心中就產生了疑惑，總覺得工作太輕鬆，恐怕待遇不會好。一個月後，趙峰拿到第一份薪資，竟然比生產線裡的中級幹部還要高。此時趙峰才意識到，自己受照顧的程度確實不一般。趙峰的工作大多數時間在喝茶聊天。占著這樣一個舒適的位置，應該滿懷得意才對，可奇怪的是，心中卻始終像壓著一塊大石頭，有一種莫名其妙的沉重。一年還沒有到，趙峰就產生了換工作的念頭。

趙峰聽說廠裡想招一名汙水技術處理員，立即到經理辦公室，提出想做這份工作的請求，希望經理批准。經理先是愣住了：為什麼會有這個念頭呢？趙峰告訴經理，自己讀高職時曾學過汙水處理，現在分廠裡需要這樣一個人，與其從外面招聘，不如就在公司裡找。經理緊緊的盯著趙峰：「你知道，汙水廠的工作有多髒多累嗎？你本來是總部人員，到分廠去，那是降級啊。再說你到了分廠，薪資待遇肯定沒有在總部這麼好……」其實不只是經理，幾乎沒有一個人對他的選擇表示理解。「你到底為什麼呢？」表叔生氣的問他。其實，趙峰有一層意思沒有完全講出來，那就是對於自己前程的危機感，他相信這樣無所事事不會長久。

汙水廠的工作確實既髒又累，而薪資卻比當收發員時足足少了一半，剛開始心理確實有很大的落差，只好把全部的熱情用到工作上。一年以後，趙峰的才能和工作熱情得到了分廠廠長的賞識，任命他為汙水處理副主任，趙峰靠努力使自己的事業上了一個新台階。

其次是置身全面。公司興旺，事業發展全靠集體的團結和諧堅強有力。下屬都是主管團隊的組成人員，要胸有全方位，置身全方位，把自己放在全方位的背景下思考問題。注意維護主管的威信，注意維護整個集體的威信，注重整個事業的發展。不該說的話不說，不該做的事不做。

2．要獨當一面

下屬根據團隊主管、分工負責的原則，分管著一項或幾項工作，做好分管工作是下屬義不容辭的職責，也是下屬施展身手、顯現才能的舞台。要熟悉了解分管工作的政策法規、歷史淵源，在實踐的基礎上不斷創新，要敢於負責、善於負責，獨當一面，扎實推進自己的工作，使群眾高興，使主管滿意。

正在做銷售的康明軍今天一回到公司，有一條內部消息傳入他的耳中，公司準備投資興建一個分廠，此時正在特色人選。康明軍立即跑到總部辦公室詢問此事，得到的回答是肯定的，而公司也正為外派人員的事頭痛。原因很簡單，分廠決定設在西部山區，相對於位居大城市的總部，條件差很多，公司讓誰去誰都不想去。康明軍立即申請去參加設立分廠的工作。經理十分高興，當即同意了康明軍的請求。

就這樣，康明軍到了西部分廠。老實說，那裡的工作條件比想像中還差，一切都是白手起家。沒過多久，去的人中就怨聲四起，牢騷不斷，一些人因受不了辛苦開了小差。由於人員短缺，許多事沒人做，他這個基層幹部被臨時委任為副廠長，負責工人招聘和技術輔導。經過一番艱苦努力，分廠順利投產。幾年之後，分廠早已是根深葉茂，壯大了幾倍。而康明軍也已調回本部，被委以副理的重任。

「看好自家門，管好自家事」這是下屬的一項基本職責，重大問題、原則問題需要集體討論，具體工作應該放手大膽，獨當一面，真正達到助手的作用。要有整體預案、分段目標和評價標準，按照計畫有序的推進工作。要放開手腳，千方百計，及時處理工作過程中發生的問題，對於疑難問題要敢於處置、敢於負責。要敢於碰硬、不怕得罪人、不怕失選票，該指出的指出，該批評的批評，即使處置不當，批評不當，正職還能出面，還有餘地。如果精神萎靡，辦事拖拉，強調客觀，推卸責任，遇到心結繞道走，棘手事情推給主管，這樣的下屬是不足道也是不足取的。

3．要多提建議

下屬是主管的參謀和助手，多提建議、善提建議，提高品質的建議是下屬的基本要求之一。一個堅強有力、富有生氣的主管團隊，全靠團隊每一個成員積極工作，積極進言。群策群力，廣納良言，才能形成正確的決策，才能使各項工作充滿生機和活力。下屬應該努力工作，勤奮學習，深入思考，自覺做到工作、學習、思考三位一體，多提建議，多盡責任。

作為森林王國的統治者，老虎幾乎飽嘗了管理工作中所能遇到的全部艱辛和痛苦。牠終於承認，原來老虎也有軟弱的一面。牠多麼渴望，可以像其他動物一樣，能夠享受到朋友相處的快樂；像其他動物一樣，能夠在犯錯誤時得到哥們的提醒和忠告。牠問猴子：「你是我的朋友嗎？」猴子滿臉堆笑著回答：「當然，我永遠是您最忠實的朋友。」「既然如此，」老虎說，「為什麼我每次犯錯誤時，都得不到你的忠告呢？」猴子想了想，小心翼翼說：「作為您的屬下，我可能對您有一種盲目崇拜，所以看不到您的錯誤。也許您應該去問一問狐狸。」老虎又去問狐狸，狐狸眼珠轉了一轉，討好的說：「猴子說得對，您那麼偉大，有誰能夠看出您的錯誤呢？」可憐的老虎，從此那種「高處不勝寒」的孤獨就一直伴隨著牠！

和老虎一樣，許多主管也時常會感到一種「高處不勝寒」的孤獨。因此，主管需要下屬多提建議，還要善提建議。要深思熟慮，力爭所提建議有品質有深度；要正確定位，提出的是建議而不是決定；要拋棄雜念，不能看主管臉色行事，想聽的話要說，不想聽的話該說的也要說，判斷事物的標準只有一條：對工作是否有利。

大膽站出來為主管解難

當主管與下屬發生摩擦時，你應該大膽站出來為主管解難。誠然，主管與下屬身分不同，但卻不一定有隔閡。一旦你與主管的關係發展到朋友時，你也可能因此而得到主管的特別關懷與支持。是否可以預言，你的晉升之日已經為期不遠了。

某公司部門經理于震天由於辦事不力，受到公司總經理的指責，並扣發了他們部門所有職員的獎金。這樣一來，大家很有怨氣，認為于經理辦事失當，造成的責任卻由大家來承擔，所以一時間怨氣沖天，于經理處境非常尷尬。這時祕書劉正明站出來對大家說：「其實于經理在受到批評的時候還為大家據理力爭，要求總經理只處分他自己而不要扣大家的獎金。」聽到這些，大家對于經理的氣消了一半，小劉接著說：「于經理從總經理那裡回來時很難過，表示下個月一定想辦法補回獎金，把大家的損失透過別的方法彌補回來。其實這次失誤除于經理的責任外，我們大家也有責任。請大家體諒于經理的處境，齊心協力，把公司業務做好。」小劉的調解工作獲得了很大的成功。按說這並不是祕書職權之內的事，但小劉的做法卻使于經理如釋重負，心情豁然開朗。接著又推出了自己的方案，進一步激發了大家的熱情，很快糾紛得到了圓滿的解決。小劉在這個過程中的作用是不小的，于經理當然另眼相看。可見，善於為主管排憂解難，對於更好工作的確是有利的。

在公司工作中，有時候會出現這樣的情況：明明是主管處理不當，可在追究責任時，卻指責下屬沒有做好工作。這時就應該有個妥善的方式去處理。而一個責任感強的員工應當在主管最需要的關鍵時刻，大膽站出來為主管分憂解難，幫他盡快解決問題。

在防汛抗洪中，當大江出現缺口的時候，大家都會毫不猶豫用身體堵上去，因為在關鍵時刻，誰也不會看著危險不管。同樣，公司的經營和運轉也像水壩一樣隨時都會出現許多意外的事件，給公司和主管帶來棘手的問題，有些迫在眉睫，必須馬上解決，這時候你就要在知道自身能力的情況下挺身而出，幫主管解決所遇到的問題或困境。

下屬不要以為不是自己的事，還有主管呢，我幹嘛出頭，做吃力不討好的事？也不要以為自己現在還處於公司最底層就逃避責任，就不敢去做，猶豫徘徊。這是身為員工的悲哀，是員工們的恥辱，更是企業的不幸。

凱瑪特曾是美國的第一大零售商，但是到了一九九九年，這家公司就開始走下坡了。有一個關於凱瑪特的故事也流傳開了。在一九九〇年的凱瑪特總結會上，一位高階經理認為自己犯了一個錯誤，他向坐在身邊的主管請示應該怎樣改正過來。這位主管不知道怎樣回答，便向上級彙報：「我不知道該怎麼辦，你看該如何處理呢？」而主管的主管又轉過身來，向他的主管請示。這樣一個小小的問題，到最後竟然一直推到了董事長那裡。後來那個董事長回憶當時的情況苦笑著說：「真是太可笑了，竟然沒有人能主動負責，而寧願把問題一直推到最高主管那裡去。」二〇〇二年一月二十二日，曾是美國第一零售商的凱瑪特公司不得不申請破產保護。

在企業的發展過程中，總會不可避免的遇到各種問題的困擾。它們的出現，就像春夏秋冬周而復始般自然。所以，主管們迫切需要能勇於負責，為主管排憂解難的下屬。

作為企業的一名員工，你想要讓主管重用你，你就必須想辦法使他信任你。而要想讓主管信任你，就必須勇於負責，敢於站出來為主管排憂解難，做到面對任何問題都能冷靜的處理，妥善的解決。這樣才能給主管留下深刻的印象。

戰國時期，一次秦國攻打趙國，把趙國的都城邯鄲圍困起來。在這危急關頭，趙王決定派自己的弟弟平原君趙勝，代替自己到楚國去，請求楚國出兵抗秦，並和楚國簽訂聯合抗秦的盟約。

到了楚國，平原君獻上禮物，和楚王商談出兵抗秦的事。可是談了一天，楚王還是猶豫不決，沒有答應。這時，站在台下的毛遂手按劍柄，快步登上會談的大殿。毛遂對平原君說：「兩國聯合抗秦的事，道理是十分清楚的。為什麼從日出談到日落，還沒有個結果呢？」

楚王聽了毛遂的話很不高興，就喝令他退下去。毛遂不但不害怕，反而勇敢走近楚王，大聲說：「你們楚國是個大國，理應稱霸天下，可是在秦軍面前，你們竟膽小如鼠。

想從前，秦軍的兵馬曾攻占你們的都城，並且燒掉了你們的祖墳。這奇恥大辱，連我們趙國人都感到羞恥，難道大王您忘了嗎？再說，楚國和趙國聯合抗秦，也不只是為了趙國。我們趙國滅亡了，你們楚國還能長久嗎？」

毛遂這一番話義正詞嚴，使楚王點頭稱是，於是就簽訂了聯合抗秦的盟約，並出兵解救了趙國。平原君回到趙國後，把毛遂尊為賓客，並且重用了他。

企業的發展不可能事事如意一帆風順，主管的才能也不可能十全十美，一個勇於負責的員工應當在主管需要的時刻挺身而出，該出手時就出手，為主管分擔風險，這樣你必將贏得其他同事的尊敬，更能得到主管的信任和器重。

處理好與多位主管之間的分歧

妥善的處理好與多位主管之間的分歧是一個值得我們關注的問題。我們所面對的主管不只是一個人，而是一個企業，每個主管的話都要聽，每個主管的指示都應當執行。如果主管之間的意見一致時，落實起來一般沒有問題。但是，由於主管們所處的地位不同，性格脾氣不同，觀察問題的角度不同，相互之間意見不一致，甚至相互有心結的情況並不少見，在這種情況下，下屬就應該妥善處理。

某公司對生產線整修時，兩位主要主管在如何修排水溝上意見發生分歧：一位要求修明溝，認為這樣節省經費；一位要求修暗溝，認為這樣美觀。兩位主管的意見都有道理，而且互不退讓，都要求施工隊按照自己的意見去辦。負責施工的隊長是個特別聰明的人，便來了一個折中方案，生產線門前道路邊的修成暗溝，生產線後面不引人注意的地方修成明溝。既沒有得罪哪個主管，又把任務完成了。

工作畢竟不是兒戲，耽誤不得。而有些問題本來就有多種答案，不存在誰對誰錯，共識的形成往往只能在結果出來之後。職場很多小事，最後會演變得令人不可思議。

某局下屬一研究院做行政工作的陳建國就在這個過年前遭遇了一件事情。說大不大，說小不小，如刺哽咽在喉，吞吐不得。

臨近過年，有上級主管來研究院視察，並要在他們會議室做重要講話。原來的會議室設施已經非常陳舊，公司一把手想趁這個機會，把會議室好好改造一下。

辦公室接到任務，很快給陳建國任務：牆壁要粉刷一新，原來的桌椅要除舊換新。陳建國按照指示，工作完成得很出色。上級主管來視察的前一天，院裡一位副院長來驗收會議室改造效果時很滿意，直誇陳建國辦事效率高。

但是，該副院長又發現一個需要改進的問題，那就是會議室裡老式的日光燈也該一起換掉。他說，這麼重要的節日，接待這麼重要的主管，我們對會議室的改造要一步到位才行。他讓陳建國趕快去一趟燈具市場，買一個氣派一點的水晶燈，並給了個底價。

陳建國興沖沖的把水晶燈買回來了。正和安裝工人忙著安裝時，另一位副院長正巧路過，一看這燈，便立刻就把陳建國叫到一邊，說：「現在都在建設節約型社會，這麼鋪張浪費會給上級主管造成很不好的印象。」這位副院長建議把水晶燈退了，換個普通的吊頂燈就行。

陳建國只得實話告知，是某副院長要買水晶燈的。誰知這位副院長說，沒事，我會跟他解釋的。陳建國唯一能做的，就是趕快把水晶燈退掉。

事情的結果令陳建國很尷尬。這位副院長忘了跟那位副院長解釋，那位副院長發現「狸貓換太子」時，對陳建國的好感也就大打折扣。

當然，來做重要講話的主管是不會介意他頭頂上的這盞燈的。只是苦了陳建國，即使對那個副院長解釋了個中原因，還是解不開兩人之間這個彆扭的小疙瘩。

下屬在應對某項新任務時，應想在主管之前，不僅預想出工作本身應該怎樣做，充分準備方案和建議，力求使之切合客觀實際，而且要預測出哪些環節意見不容易統一，主管各自對此事可能會有什麼想法，在方案中把這些因素考慮進去，適當有所照顧和展現。沒有照顧和展現的，一旦他們提出來，該如何解釋，去說服他們放棄這部分意見，使他們能按照你提出的方案去辦。這種方法的優點在於可以避免心結，利於工作，而且隨著時間的推移，有利於彌合主管之間的分歧，使主管都對你產生信任感。困難在於你必須充分了解主管，熟悉工作，有過人的眼光和協調關係的能力。

主編田成芳原本是一家還算大型的企業的文化部職員，前段時間主管讓文化部門創辦一份企業報。田成芳畢業於新聞系，拜師學過平面設計，還曾在一家報社實習過半年，於是主管——文化部經理就把這個「簡單而光榮」的任務交給了她，任命她為執行主編。

經理跟田成芳說：「你先做份樣報給我看看。」田成芳挑燈夜戰了兩夜未闔眼，終於排成四個版面，乾淨簡約的版型與這個經理平時愛看的一家報刊的風格很相似。田成芳自己看了也很得意。

報紙送到經理那裡，慘遭「槍斃」。「我們是家有品質的公司，不要把自己的格調降至為街頭小報。」經理不屑田成芳做出的樣報，「我們的企業報應該要做得大氣一些。」「經理，能否給個大氣的樣本參考一下？」田成芳小心翼翼問道。「《青年日報》就不錯嘛。」經理沉思了一下說。

《青年日報》的風格田成芳當然知道。儘管又要推倒重來，等於白忙一場。但心裡再不樂意，主管的意見哪敢違抗。田成芳又熬了兩個晚上，趕出了一份《青年日報》風格的樣報。這次經理非常滿意，說：「田成芳，把報紙送給老闆去看一下。」

田成芳樂顛顛的把報紙呈現到老闆面前。老闆一看就皺了眉頭：「田成芳，我們公司這麼多年輕人，這個像是給年輕人看的報紙嗎？重做。」

田成芳把意見回饋給經理，經理說：「老闆懂啥叫報紙？不過誰叫他是老闆，你就加點花樣，把版面弄得花俏一點。」田成芳本來就不是專業排版的，每排一個版都非常吃力，又差不多花了一個星期的時間。就這樣加工來加工去，把她原有的幹勁都消磨掉了。最後當報紙呈到老闆面前，老闆似乎更不滿意了。田成芳不知所措，問老闆：「您能否給我一個樣本參考一下？」老闆從一堆報紙中挑出一疊：「這個報紙就不錯。」田成芳餘光一瞄，差點吐血：不就是她最早模仿的那個報紙嗎？

田成芳想，如果一開始就大膽把兩份樣報一起呈現給老闆，是不是就可以少走這段冤枉路呢？不過田成芳想了半天，還是不敢告訴老闆個中曲折，她還是得聽直屬主管的。

工作中，有時不等你想好辦法，主管就把用意交代下來了，這個說這麼做，那個說那麼做，弄得你左右為難。在這種情況下，如果事情並非十分緊迫，可以放一放，擱置一段時間再說。事後當主管問起時，可在適當的場合與時機解釋一下：一來這件事對推動公司建設作用不大，或者說時機尚不成熟，應該適當延遲一下，二來主管意見不統一，執行起來有困難，並懇切希望主管部署工作要盡量一致起來，以利於工作的展開。

我們應該有勇於承擔責任的精神。只要對公司建設造不成危害，下屬就應該有這麼點敢於承擔責任的勇氣和不怕主管誤解的精神，那我們的工作進行起來就會越加的順利。

能夠為主管「打圓場」

「家家有本難念的經」，每個主管都或多或少有一兩件令人不齒之事，相信沒有哪個主管願意讓人傳揚，因此為主管掩飾也是一大善舉。如果在職場中，能主動為主管遮羞，瞞住隱私，主管便會覺得你對他做了一件值得嘉許的「善事」，對你感激不盡，也就會在別的事上彌補你的人情。

身材高大，談話風趣幽默，倍受到女孩子喜歡的張明成在大建築設計事務所工作，大學畢業後就取得一級建築師的資格，是一位有才幹的人。

某日，張明成和兩位主管到委託設計的客戶那裡，對方除負責的一位董事外，還有兩位部長出席。當天是第一次見面，目的是試探客戶的意向。雙方在會客室站著交換名片。這時，一位主管的名片夾裡有樣東西掉在桌上。張明成的視線立即掃過去，其他人的視線也跟上去。突然，張明成發出一聲「啊」，一副狼狽的樣子，其他的人也屏息噤聲。掉在桌子上的東西，原來是保險套。張明成慌慌張張的撿起來，然後戰戰兢兢的窺伺對方董事的臉色。「還好對方沒看到，沒看到。」張明成心想著。事後的商討就在笑聲和親密感中進行。

儘管張明成說的沒人會相信是事實，可在當時的情形下，卻達到了遮羞的作用。為了照顧主管的名聲和面子，沒有什麼大不了的，主管還會非常的感謝自己。因此這樣做，對誰都沒有害處。

人們在特定的情況下，為了避免觸及主管的忌諱，引起彼此的不愉快，有時不能直接說出某一事物，就需要用另一事物來加以替代或化解，透過「指鹿為馬」來逢凶化吉，以期達到良好的效果。

為人熱情，積極進取的小楊是某公司市場開發部主任助理，受到了主管和同事的一致好評。他捨得花錢，動不動就請同事到外面吃喝，也經常悄悄的請主管吃飯。同時，他又熱心助人，經常幫助同事做這做那，從無怨言，對主任交代的工作，更是一點也不敢粗心，每一次都做得漂漂亮亮。所以，無論是主管還是同事，一有事情，首先想到的便是他。

另外，小楊對主管的用意也深有認知。有一次，主任召集所有市場開發部負責人員開會，分析當時的市場形勢說：「大家都知道，我們公司成立至今，面對市場的激烈競爭，業績卻直線上升，這是與我們市場開發部的出色工作分不開的，現在，我們公司的市場占有率已領先其他同類公司很多，只有西部還有兩個縣市我們沒有進去，如果我們占有了西部市場……」此時，小楊早已明瞭主任話中的意思，接著說道：「主任的意思，是想要我們市場開發部進軍西部最後兩縣」「對！」開發部主任讚許的看了一眼小楊，「小楊說得很對，看來你平日對此深有考慮。作為我們市場開發部的得力人員，最重要的就是要胸有全面，規劃宏遠，這樣才能永遠立於不敗之地。小楊在這點上，比各位要略勝一籌。根據公司的長遠策略規劃，經公司研究決定，我們公司將於年內開拓西部兩省市場，具體工作有小楊全權負責，希望各位都能夠給予最大的傾心支持。」

於是，在開發部主任的大力舉薦和公司主管的決定下，小楊擔當起了開拓市場的新任務。

的確，為主管「打圓場」並不一定是件壞事。遇到主管出現尷尬時，應盡力轉移話題，千萬別弄得僵持不下，導致更為難堪的局面。在職場中，誰也不可能預料一切。例如：也許你沒想到和你打交道的人是與你有嫌隙的或者是你競爭對手的朋友；也許你突然說錯了話等等。這些都很叫人尷尬。這時候，主管原來所準備應付的情況全變了，一時免不了有些失態。這種場合下，下屬主動站起來為主管「打圓場」是非常必要的。

要為主管「打圓場」，就要從自身做起，首先要做到以下幾點：

無論出現什麼情況，都保持高度的冷靜，使自己不失態。例如在一次商務交際中，對方在談到價格時突然揭了你這一方的老底，說你給某公司的價格很低，而給他們過高，這實在是太欺負人等等。交易夥伴這樣揭露，是很傷面子的。如果你不冷靜，情緒過度緊張或者激動，很可能應付不了這個局面。接下來或者承認事實，或者憤怒爭辯，拼命否認，很可能當時就不歡而散。但是如果你很冷靜，可能會很快找出理由，比如價格低並不保證退換維修，某一方面沒有使用新材料新技術，或者在付款形式、供貨期限、品質保障、商品保固等方面有不同。反正你總能找出合適的理由來挽救局面，為自己的行為找到體面的說法。

在任何情況下，都能夠為主管「打圓場」，淡化和消解心結，給主管找台階下，使氣氛由緊張變為輕鬆，由尷尬變為自然。在很多時候，替主管解圍比為自己掩飾更重要，一方面表示自己對主管尊重，另一方面也給自己留下了餘地。

第四章　全力配合主管工作

作為一名主管，無不希望得到能力強、素養高，能夠配合好工作、完成好任務的下屬的協助。因此，作為下屬，工作中一定要有很強的主觀能動性。拿出具體可行的方案供主管選擇定奪，協助主管把各項工作做好。

積極配合主管工作

對工作積極，想做出一番事業的下屬來說，主觀能動性較易發揮出來；反之，那些對工作麻木不仁的下屬是很難發揮主觀能動性的。在企業裡，你是否注意到主管正在努力完成的任務、目標；是否注意到主管總是工作到很晚。如果你用心去觀察了，是否想到採取行動？比如盡到你最大的能力協助主管，幫助主管實現目標。

對工作缺乏熱情的劉北川在一家公司當基層員工，由於不太滿意現在的職位，也沒有興趣去學習和努力以此來提高自己的工作能力和綜合素養，對工作總是應付了事，也從不主動配合，要等到主管指定後他才會去做。對公司其他部門的協助也是拖拖拉拉，同事催了很多遍他才會去做，這引起了這些部門同事對他的不滿，自然就會把對他的意見上訴到主管那裡去。

為此，主管經常找他談話，表面上劉北川認可主管的提醒，在工作中他卻仍然我行我素。後來，主管要離開公司去別的公司發展，劉北川認為主管的位置會降臨到他的身上，就把這個想法上報給了主管，主管為了考察一下他的工作能力和管理水準，就將一個新的專案交給他去全權負責。

劉北川自己也感覺到這是公司主管給自己的一次機會，就全心的投入到了這個新的專案中，認真負責的開展相關的工作，並竭盡全力去做好每一件事。然而，由於之前與主管的配合不是那麼密切，而且做事缺乏積極主動性，很多事都是原來的經理自己去做，劉北川並沒有真正了解和掌握工作經驗，所以只能尋求其他同事的幫助。鑒於此前劉北川的表現，很多同事自然不願意幫助他，致使這個新專案的執行出現了很多問題，引起了客戶的強烈不滿。

最後，公司主管還是決定對外招聘一名經理來接替現在的工作。就這樣，劉北川與這次難得的機會擦肩而過。即使如此，劉北川還不吸取教訓，新經理上任後，在很多事情上他依舊不予以配合，結果與新來的經理關係鬧得越來越僵，致使該部門的一些正常工作都沒辦法進行，最終為了不影響部門工作，公司只得把他開除了。

上面的案例中，劉北川之所以造成這樣的結果，原因在於他導入了負面心理的漩渦。這個案例給我們的告誡是：當一個人準備奮鬥之前，如果不能確保自己在過去的生活中有好印象，至少也必須確保沒有造成壞印象。同樣的道理，當你希望與主管展開更真誠、更有效的合作之前，你也必須確保你以前的表現是讓人放心的。否則，你必須首先著手改變你的表現和思維方式，必須讓自己更加積極而主動，並經由自己的行動將主管的負面思維糾正過來：換句話說，改變主管之前，先得改變自己！

李同本工作不到兩年就被提拔成了分部門主管，而與李同本同時進公司的員工現在仍在原地轉圈。這全都緣於主管對李同本的器重。

李同本說自己工作很有目標性，主管突然接到的十萬火急的任務、棘手的案子、繁雜的計畫彙報，凡是主管搞不定、分身乏術的工作，李同本都主動請纓，把主管的工作當成自己的分內事，力爭圓滿完成。最後讓主管坐享榮譽，並且從不貪功，總是把成績歸功於主管，主管因此對李同本青睞有加。同時也讓李同本熟練掌握了工作業務，成了主管的左膀右臂，而嘉獎、晉升自然少不了李同本。

對於一個企業來說，下屬是公司的員工，主管在工作上有缺陷和遺漏時，下屬應該像足球運動員一樣去「封堵」。但是，如何「封堵」則要講究方法。首先是要到位，別因為本職工作給主管添麻煩。

魏建國是學中文的，畢業後應聘到一家私立學校。任職沒有多久，學校就開始對新生進行軍訓。由於魏建國不是班導，所以就沒有隨著學生到軍訓營地。軍訓結束的前一天，魏建國突然接到副校長的電話，說是正校長這次很重視學生的軍訓，要親自參加學生軍訓閉幕式，聽說魏建國文筆好，讓他給正校長寫一份明天軍訓結束大會上的演講稿。能得到副校長的親自指示，魏建國自然很高興，連忙在網路找資料，又與在軍訓營地的老師聯繫，要他們提供學生的軍訓情況和準備表揚的學生名單，最後寫成了一篇內容豐富的演講稿。晚上，魏建國仔細檢查了演講稿，直到發現改無可改後才休息。

第二天早上，魏建國又接到副校長的電話，說是正校長有事可能趕不到軍訓營地，將由他代為發言，讓魏建國把演講稿交給司機。副校長交代此事的口氣雖然輕鬆，但是魏建國卻著急了。自己寫的演講稿是以年輕的校長口氣寫的，如果給年老的副校長用肯定不合適。但學生軍訓閉幕式九點開，如果重新寫一個，時間則有些緊張。最後，魏建國還是決定重新寫一份給副校長的演講稿，當他趕緊時間趕完演講稿給司機時，卻又聽司機說正校長也有可能會到場。於是，為保險起見，魏建國又讓司機把昨晚寫給正校長的稿子一起帶上。副校長看到魏建國準備的兩份演講稿，直誇魏建國工作到位，兩方面都想到了。那天，正校長也趕上學生軍訓閉幕式，當知道是魏建國幫自己寫的演講稿後，越來越忙碌的正校長就直接把魏建國升為了自己的助理。

公司的每個成員都有自己明確的工作和職責範圍，你首先必須保證工作到位，做好自己的本職工作。同時，主管和下屬之間的工作總是會有交叉的地方，這個時候，下屬需要積極主動多為主管承擔一些責任和工作，細心的幫助主管把工作做到位，避免工作出現空白區。

真正發揮好助手的作用

剛剛接到新的工程合約時，譚新民的主管也換了一位，新主管是一位風華正茂的年輕人。年輕的主管具有很強的專業知識，魄力十足，敢說敢做，上進心也很強，但是，譚新民還是發現年輕的主管存在一個不足，那就是缺乏工作經驗。

譚新民注意到年輕主管的許多工作安排往往是按照與客戶的合約及計畫而定的，不能隨意支配。這樣就使新主管的工作很忙碌，也很被動。公司的一些重要的品質會議和安全會議，新主管總是抽不出時間參加。雖然專案的進度很正常，但是工作中隱藏著一些安全隱患。主管不重視，下面的員工自然也不會很重視。看到這種情況，譚新民憑藉自己多年工作的經驗，主動與新主管溝通，讓年輕的主管意識到工作安全的重要性，並提出對工作中存在的安全問題的整改措施。明白道理的年輕主管便盡量抽出時間參加每週的安全會議，即使沒有時間參加，也會安排譚新民堅持每週都按時主持安全會議，讓安全意識滲透到每一個員工的心中，從而有效避免了工程中的潛在風險。

主管絕非聖賢，也有工作不理想的時候，也會有對工作考慮不周全的時候，作為助手，在發現存在的問題時，一定要及時幫助主管認識到自己的錯誤。真誠的幫助主管補過，消滅那些有可能造成公司利益損失和不利於主管形象的情況。這種主動為主管彌補缺陷的精神值得讚賞。而主管的助手就是主管的左膀右臂，只有更好配合主管的工作。也許你會問，究竟要如何做才能當好下屬呢？五個原則來祝您一臂之力。

1．要有能力，要有精力

這要根據你從事的工作來看，你必須達到懂（就是知道）、會（就是知道該怎麼做）、精（就是要比別人要出色），當主管需要掌握某些方面的工作的時候，你必須能夠高速的給他提供準確、詳細的資料。同時，主管向來是不分工作時間和非工作時間的，工作期間你保持飽滿的工作精神狀態是應當的，當非工作時間時，你也要時刻繃緊一根弦，隨時準備應對主管的工作安排，絕不能因為休息、休假就忽略了這項比正常工作期間還重要的內容。

2．擺正心態，做好服務

我們工作的基本智慧就是互助共贏，每個人都在為別人做事，同時每個人也都在享受別人提供的服務，因此人首先要承認自身存在不足，這樣才是客觀的人生。其實，下屬的形成本身就是工作的需要，是因為要達到某種目的所以進行協作與分工。所以做好一名下屬的關鍵是擺正心態，報以積極的心態與主管之間展開合作與分工，而不是時時去比較我怎麼怎麼強，主管如何如不行，所以積極的心態對下屬而言是十分重要的。同時只有擺正心態，才幹更好的提供服務，不僅是對主管提供服務，同時應是對所管理的部門及員工提供非常好的服務。

3．到位不越位、用權不越權

下屬一定要有一顆平常心，尤其是在權力榮譽功勞的面前不爭不搶。因為對主管的肯定及對組織的讚賞都是對每個成員的最好嘉獎，其實最容易產生心結及誤會的無外乎是對這些身外之物的追逐。做好一名下屬有一句話說得好：要做到到位不越位、用權不越權。

關雨新是一家銀行的行長助理，平常與主管相處非常融洽。有一次，行長出去辦事，三個多小時還沒有回來。這時，有位客戶來銀行領一筆錢，當時這位客戶的銀行帳戶已經沒錢了，如果把他要提的十萬元給他，就等於透支了。

作為行長助理的關雨新是沒有資格批准的，但這個人是公司的長期客戶，而且客戶說這筆錢有很緊急的用途，並且保證一個星期之後就會把錢補回來，關雨新想如果行長在的話，他應該會批，所以關雨新也就大膽簽字了。出納員給錢之前也提醒過關雨新，按照銀行的制度他是沒權力這樣做的，但是關雨新最後還是自信說：「不要怕，我負責，你給吧。」

兩個小時之後行長回來了，關雨新就拿這張支票去見行長，還沒等著關雨新解釋，行長就瞪著關雨新大聲質問道：「誰給你的權力？誰告訴你可以在這上面簽字的？」

關雨新的這種越位做法會讓客戶認為，以後簽字的事不用找行長，找關雨新就行。如果沒有主管的授權，超越了管理許可權會導致公司的整體權責不清。無論如何，該是你管的事情，就一定要管住管好；不該你管的事情，則要根據實際情況，主動配合主管把事情處理好。特別是當主管不在的時候，更要以公司利益為重，從主管管理角度出發，切實做到到位而不是越位。

4．業有所精，承擔責任

優秀的下屬有許多顯著的特點，其中最主要的一點是協作雙方各有所長，各有所補。這樣的協作才會長久，這樣的協作才會卓有成效。因為下屬在某些方面的所長，會解脫主管在此方面的更多關注及操心，使得主管有更多的時間和能力去解決更需要他出面的問題。另外，優秀的下屬要敢於承擔責任。

沃道夫在一家超級市場擔任收銀員。有一天，他與一位中年婦女發生了爭執。年輕人，我已將五十美元交給您了。」中年婦女說。「尊敬的女士，」沃道夫說，「我並沒收到您給我的五十美元呀！」中年婦女有點生氣了。沃道夫及時說：「我們超市有自動監視設備，我們一起去看一看現場錄影吧。這樣，誰是誰非就很清楚了。」中年婦女跟著他去了。錄影表明：當中年婦女把五十美元放到一張桌子上時，前面的一位顧客順手牽羊給拿走了，而這一情況，誰都沒注意到。沃道夫說：「女士，我們很同情您的遭遇。但按照法律規定，錢交到收款員手上時，我們才承擔責任。現在，請您付款吧。」中年婦女的說話聲音有點顫抖：「你們管理有欠缺，讓我受到了屈辱，我不會再到這個讓我倒楣的超市來了！」說完，她付了款就氣沖沖的走了。

超市總經理吉拉德在當天就獲悉了這一事件。他當即做出了辭退沃道夫的決定。在他臨走時，吉拉德對他說：「很簡單，你只要改變，一下說話方式就可以。你可以這樣說：『尊敬的女士，我忘了把您交給我的錢放到哪裡去了，我們一起去看一下錄影好嗎？你把『過錯』攬到你的身上，就不會傷害她的自尊心。」

5．知識面廣，適當的圓滑

除了知道從事的一切工作之外，還要懂得工作之外的東西，特別是當主管和其他主管洽談、閒談的時候，你適當的補充可以提高主管的層次和水準，給主管填補空白。當然，這需要高超的技巧，不能弄巧成拙，出現聰明反被聰明誤的情況。

準確領會主管的用意

任何下屬都想獲得主管的支持，獲得主管的諒解和指導等等。因為作為下屬，如果沒有主管的必要的支持與授權，便無法有效開展工作。

如果與主管的關係處理不好，你就可能會陷於費力不討好，處於被主管有意無意的壓制、被主管報復或免職、打入冷宮等尷尬不利境地，難以有所作為。所以，正確認識和處理與主管的關係，是下屬最重要也最難處理的關係之一。對此，僅僅做到心態正面還不夠，還要學會理解主管用意，吃透主管的決策。能夠準確及時領會主管的用意，這是下屬完成工作任務過程中一個不可缺少的前提條件。請大家先品味一下「領會」這個動詞，為什麼不叫詢問主管用意、聽寫主管用意？而要用「領會」這麼一個詞來描述呢？有句話說得好——心領而神會——以心領受，以神意會。這是一件你必須充分發揮主觀能動性才可能做得好的事。

身為下屬，你不知道主管想什麼；主管都直接跟你說了，你卻聽不懂；你根本就不懂得、不善於去「領會」主管的「意圖」——很難設想這樣的人能夠做好工作，即使勉強去做了，也會在關係上發生摩擦。雖然完成了工作任務，下屬卻深感委屈，主管也覺得很費力。下屬在領會主管用意的過程當中，應該注重一些什麼問題呢？首先，對所謂「主管的用意」應該有一個正確的熟悉。什麼叫「主管用意」?什麼意願?主管的意願。誰的企圖?主管的企圖。主管的用意，並不等於主管的命令。命令，直接對下屬的行為發布的規則，更側重於讓下屬知道行為的目標——「要做到什麼」;而充分領會了主管命令背後的意圖，則可以保證下屬行為的效果「做好什麼」。

比如:主管叫下屬安排一輛車，到機場去接一個人，你可以指揮調度的有十個司機、八輛車，你會怎麼完成這個任務?假如你只知道簡單化的執行命令，你完全可以在十個司機八輛車中隨便指定一輛車，告訴司機幾點幾分什麼航班讓他準時趕到就行了;假如碰到人和車都不夠調度的時候，你甚至也會自作主張的打電話告訴客人，公司已經調不出車;請他下了飛機後自己打的到某某路多少號來找你，你會在辦公室等他，然後帶他去見總經理……這些做法本身並沒有什麼不對，問題的要害在於，這些做法與要接待的人是否相配?與公司打算同這個人相處的關係是否相配?假如你懂得要充分領會主管的用意才能有效執行命令，那麼在你派人派車去機場之前，你一定會先搞清楚一些很輕易被人忽視的問題:要接的人是誰?什麼身分?與公司是什麼關係?主管打算用什麼規格的禮遇等等。

總之，只要你具有一個辦公室主任基本的職業意識，你就應該明白，安排車輛迎來送往，絕不只是把人當作物體而運來搬去這麼簡單;只要你弄明白了總經理是要借「迎接」這個機會，向客人表達相當級別的禮遇，你選派的司機就一定會是這樣的人:不僅駕駛技術好、熟悉路況，而且對公司認同感強、談吐得體，懂得什麼時候在客人面前「沉默是金」，也做得到什麼時候「開口是金」；你選擇的車也就必然會有如此這般的一番講究；或者你還會另外派出專人前往機場，甚至你本人前往或者提醒總經理本人也應該親自去迎接……不懂怎樣充分領會主管的用意，顯然是不夠的；另一個極端的問題也應該法意，那就是，庸俗化的把「主管用意」理解為主管這個特定個人的私人化的意願，這對於一個企業來說；也是非常有害的。

領會主管用意包括兩個方面：一是主管的用意和情況，包括主管的任務、政策、計畫等；二是主管個人的意圖和情況，包括直接領導者或間接領導者或相關主管的用意和情況，主要是直接主管或分管的主管的用意和情況。由於主管的用意和情況與個別領導者的意圖和情況有時並不一致，對此要有一定的區別認識能力。可在實際當中這種區別有一定難度，因為主管的用意經常是透過主管個人來貫徹和展現的，因而人們一般把重點放在領會主管個人的意圖和情況上面。

理解主管的用意和情況是多方面的。如主管的性格和特質，主管的主管作風、工作作風和生活、工作的習慣，主管的好惡和需求，主管關心的對象和關注的問題，主管對下屬的期望與擔憂，主管的職業生涯、現狀和未來發展等等，都應該加以了解，做到心中有數。

技師在退休時反覆告誡自己的小徒弟：「無論在何時，你都要少說話多做事，凡是靠勞動吃飯的人，都得有一手堅實的本領。」小徒弟聽了連連點頭。十年後，小徒弟也成了技師。

有一天，他找到師傅苦著臉說：「我一直都是按照您的方法做的，不管做什麼事，從不多說一句話，只知道埋頭苦幹，不但為工廠做了許多實事，學得了一身好本領。可是，令我不明白的是，那些比我技術差、資歷淺的都升遷加薪了，可是我還是拿著過去的薪資。」師傅說：「你確信你在工廠的位置已經無人代替了嗎？」他點了點頭：「是的。」師傅說：「不管你以什麼理由都行，你一定得請一天假。因為一盞燈如果一直亮著，那麼就沒人會注意到它，只有熄上一次，才會引起別人的注意……」

他明白了師傅的意思，請了一天假。第二天上班時，廠長找到他，說要讓他當全廠的總技師，還要給他加薪。原來，在他請假的那一天，廠長發現工廠是離不開他的。他很高興，也暗暗在心裡佩服著師傅的高明。薪水提高了，他的日子也好過了。以後，只要感覺自己不被重視，他便要請上一天假。每次請假後，廠長都會給他加薪。就在他最後一次請假後準備去上班時，他被警衛攔在了門外。他去找廠長，廠長說：「你不用來上班了！」

他苦惱的去找師傅：「師傅，我都是按您說的去做的啊。」師傅說：「那天，你只聽了半段道理就迫不及待的去請了假。」他急切的問：「師傅，那還有半段道理是什麼？」師傅意味深長說：「要知道，一盞燈如果一直亮著，確實沒人會注意到它，只有熄滅一次才會引起別人的注意；可是如果它總是熄滅，那麼就會有被取代的危險，誰會需要一盞時亮時熄的燈呢？」

如果是要立足做好工作、做好事業，了解主管用意的修練功夫就是作為一名優秀的下屬的工作藝術；反之，如果出以私心，那就成為察言觀色、見風使舵、投機鑽營的權術了。

下屬與主管相處難，大多數難在對主管的用意不了解，對主管的情況、類型、好惡等等不清楚，因而進退失據、言行失當、關係失和，導致使主管不滿意而難以自處的。

克服對待主管的錯誤態度

對於主管而言，下屬處於被主管的地位，要正確處理與主管的關係，首先就要養成良好的健康心態。常見的哄上、媚上、懼上、和傲上的態度都是不可取的。

哄上、媚上的下級，或者因為主管喜歡被歌功頌德，喜歡下屬報喜不報憂，「上有所好，下必甚焉」，被一級哄一級的惡劣風氣所迫；或者因為下屬出於各種私人目的，希圖獻媚取寵，邀功請賞，哄上取榮，「又哄、又吹、又跑、又送」，達到「提拔重用」的目的。這樣的下屬，可能會得勢、得利於一時，但終不會長久。因為這樣做扭曲了上下級之間的正常關係，使組織系統內部資訊傳遞的機制和管道遭到破壞——壞消息不能及時上傳，從而使整個團隊偏離事實真相而喪失應變力和戰鬥力。

比爾．蓋茲曾說過：「優秀的管理者應該具備這樣一個基本素養：有信心迎面處理各種令人措手不及的壞消息，發現他們而不是躲避他們。下屬與主管有垂直的關係，即執行，也有平行的關係，即合作。作為下屬應該力圖把垂直關係變成平行關係，因為這種關係是對等的、健康的，也是更容易展開深入溝通和交流的。唯有在此基礎上，才能形成良好的職業成長和發展環境。但是，在我們試圖進行這種關係的構建時，常會碰到一個問題，那就是如何才能從職業現實的層面贏得主管的信任。客觀的說，任何一個下屬都沒有更多的選擇，當然也不需要有更多的選擇：只有從最基礎、最重要的地方做起，也就是把每一個任務都執行到位，才能把執行關係打造得更加健康，從而得到主管的賞識和信任。

以前，美國標準石油公司有一位小職員叫阿基勃特。他在出差住旅館的時候，總是在自己簽名的下方，寫上「每桶四美元的標準石油」這樣的字樣。在書信及收據上也不例外。他因此被同事叫做「每桶四美元」，而他的真名倒沒有人叫了。公司董事長洛克菲勒知道這件事後說：「竟有職員如此努力宣揚公司的聲譽，我要見見他。」於是邀請阿基勃特共進晚餐。後來，洛克菲勒卸任後，阿基勃特便成了第二任董事長。

也許你會覺得在簽寫自己的名字後寫上公司的名字，是很容易的事，但如果一直堅持這樣做下去，就像阿基勃特一樣，我們做得到嗎？與主管交往中，執行最重要，但也最容易出問題。「做好了，才叫做了」。這句話一針見血的指出了許多人在執行時最容易犯的錯誤：在工作時，只是滿足於「做」，卻不重視結果。所以表面看起來，整天在付出、在努力、在忙，但是這種忙卻是窮忙、瞎忙，這並不是容易獲得認可的工作風格。

作為企業的員工，無論是何種原因使你產生了哄上、媚上的想法和行為，都是不對的。這樣做，不僅會使企業，而且也使自己在錯誤的路上越走越遠，最終使企業破敗，因而也使自己破敗——覆巢之下安有完卵？

懼怕主管的心態也要不得。下屬懼怕主管與其說是主管的霸道和專橫使然，不如說是下屬缺乏自信心或素養與能力較低使然。有些下屬不敢直視主管的目光，不敢去主管那裡請示彙報工作，低眉順眼、唯唯諾諾，在主管面前驚慌失措、手腳無措。有的人面對主管的提問或質詢時，往往張口結舌，局促不安，言不及題。這樣的下屬一般很「聽話」，但往往屬於「聽話的沒有用」那種下屬。認識上毫無主見，思想上毫無主張，工作上唯命是從，依樣畫葫蘆，不知應變，更無創造性、開拓性可言，死氣沉沉，缺乏生機與活力。

恃才傲物對待主管是自信心過度膨脹的表現。膨脹的自信心是病態的自信心，是不明智的自信心。一般而言，傲上的下屬往往能力較強，在工作上「有兩刷子」，在思想認識上也常有過人之處，因而便恃才傲物，恃才傲物，工作上少請示彙報，甚至長期不請示彙報。尤其是當面對比較平庸的主管的時候，更是如此。這樣的下屬往往只服從或佩服各方面都比自己更強的主管，而把某些方面不如自己的主管不放在眼裡，不支持、不合作甚至有意無意的扮演「反對派」角色，或讓主管難堪，以顯示自己的學識、才幹與「清高」。然而這樣做對上無益，對己也有害。

「謝雅文，你怎麼搞的，發給客戶的這個檔案為什麼不早點給我？」謝雅文心裡連連叫苦，明明上個星期就拿給主管的檔案，他自己拖著沒有批示，等到燃眉之急，反倒埋怨起自己來了。謝雅文心中非常惱火，就跟主管爭論起來。可是，謝雅文發現，她話還沒說完，主管的臉早已黑了。

事後，謝雅文仔細想了想，覺得主管也不容易，事非常多，壓力很大，忘記一些事情也是可以原諒的，主管責問自己也是他分散壓力的一種方式，作為他的下級是可以接受的。於是，謝雅文調整了自己的工作方式。事情不是特別急的時候，她總是趁主管不忙或氣氛比較輕鬆之時提醒一下：「王總，業務總結下週二就要交了，您批了嗎？」「對了，北方大客戶的行銷方案我給您了嗎？」一來二去，謝雅文成了主管信任的助手。如果不是某些核心的問題，那麼就沒必要斤斤計較。謝雅文的做法非常聰明，他沒有對主管反唇相譏，直指其非，而是變換方式，委婉提醒。

即使比較平庸的主管，只要還是你的主管，其手中掌握的是組織的權力而非只是個人的力量，如果傲上，一開始就使自己處於與主管的對立狀態之中，失敗的結果是遲早的事。因為如果你時時刻刻都表現出傲上的態度，那麼再民主的主管也會把你打入冷宮，更別說專制的主管了。

這四種心態，是對待主管的錯誤態度，前二種使上下級關係庸俗化；後二者使上下級關係刻板化，處於僵持對立之中，四者都會扭曲上下級的正常關係，使之朝不健康的方向發展，陷主管、自己和組織於不利。對待主管的正確和健康心態，應是服從而不盲從，學習而不盲目、融洽而不依附、尊重而不怯懦、自尊而不傲慢的不卑不亢的人格平等態度。為此，就要得體的支持主管，與主管一同成長進步。

成為真正能理解主管的人

無論你在什麼職位上工作，主管下達任務時，你一知半解，不懂裝懂，由於對主管要求領悟模糊不清，理解起來往往陷入困境，甚至「卡彈」。所以你要培養自己「理解和傳達主管要求的能力」。每位下屬都要正確領悟主管在布置工作時的本意——希望達到某種目的。如果對主管的要求理解不到位，就很難按照主管的旨意完成任務。因此，正確理解主管的要求，是做好一名下屬的基本素養。無論何時何地，你必須處在傾聽的狀態，在主管的感受極其糟糕的時候更應該如此，否則你就不能真正成為一個能理解他人的人。

主管安排張慶田做一項額外的工作，並且要他當天完成。張慶田知道應該趕快去做，但是一連串的急事讓他把主管交代的工作忘得一乾二淨。這一天張慶田忙得午餐都沒吃。當張慶田和同事們都準備下班回家時，主管來找他詢問這件工作的完成情況。張慶田趕快向主管解釋，今天實在是太忙了，工作還沒有開始。

主管打斷張慶田，生氣的對他大吼道：「我不想聽你的解釋！我花錢雇用你不是讓你整天坐著無所事事……」

假設你就是張慶田，請你靜下心來，深入自己的感覺中心，關注自己的內在感受，然後把你的情緒變化過程按下面的要點寫下來：如果你必須控制自己的情緒，你會怎樣想這個問題？假如你能夠心平氣和下來，你會怎麼回應主管的「怒吼」？在這樣一個心理變化過程中，你有哪些有益的心理體會？

把你內心中體會到的有益的東西真實運用於你的工作中，你會發現你的心理很快就產生了某些微妙的變化。

有想法就會有行動，行為是思想的客觀反映，所以對主管不但要「聽其言」，更要「觀其行」，也就是說我們需要學會「察言觀色」。更重要的是，你必須謙虛意識到自己的問題所在，並把這種對問題的認識表達出來。這就是最有效的改善溝通、緩和氣氛的方法。

主管讓于方成把方案做好以後發給他，但是由於公司那天的網路十分堵塞，所以儘管于方成下班時已發了一遍給主管，但第二天早上主管還是說沒有收到，讓于方成再發一遍。于方成又發了一遍，並對主管說收到的話告訴他一下。但主管就一直沒說什麼，于方成以為他已經收到，就忙其他工作去了。不料快到下班的時候，主管又把于方成叫進辦公室，對他進行了嚴厲的批評，還說要降他的級。

于方成心想：「主管怎麼這樣啊，沒收到就是沒收到，自己不說還要怪別人，真讓人難以忍受。」

靜心設想一下，如果你面對上述情況將會如何處理？下面的訓練是一些較為科學的處理方法，把你對這些訓練的看法寫下來。根據上面這個安全來看，下屬根本沒有必要抱怨主管，必須認識到如果某些問題是客觀存在的，那麼，先處理問題才是最重要的，而不是加以抱怨。對類似上面這種情況，你可以輕鬆承認你沒有做到位，然後抓緊時間把問題解決。做出理解性回應：你必須理解主管對這一問題的關注，以及由此給主管造成的困擾，必須學會在類似的問題上保持同理心，從而坦然的接受主管的批評。

請記住一條法則：我們有眾多的理由可以埋怨主管，卻總是缺乏勇氣正視自己。如果你能夠時刻關注自己的問題，降低對主管的要求，你會工作得更順利，因為你具備了一條普世皆知的偉大智慧，那就是勇敢而且寬容。

最近公司連續開了很多分公司，急需大量的人才，作為招聘專員的曹正明突然覺得身上的擔子重了許多。公司業務量成長得很快，各部門的主管時間都很緊，所以每次篩選履歷曹正明都十分謹慎，生怕耽誤了他們的時間，可越是害怕，這事卻越是找上門來。「曹正明，你昨天找來面試的人怎麼那麼差，啥也不知道，這不是耽誤我時間嗎！」一大早工程部經理就沖曹正明嚷著。

曹正明只好支支吾吾的回答：「那人的履歷上寫的都符合要求啊。」「履歷當然要往好寫了！你約他的時候就不能仔細的驗證一下嗎？怎麼做工作的！一點專業性都沒有，就這樣還能把工作做好？」……曹正明當然很委屈，同時也很無奈。畢業於名校人力資源專業的她，工作一直都很積極努力，今天卻莫名其妙成了大家的話題，成了不專業的代名詞。

碰到類似的情況——請你假想這種情況真實發生在你的身上，按步驟和要求寫出你的回應：承認自己的不足，而且必須誠懇。認真檢討自己的工作思路，完善自己的工作方法。

跟上主管的工作節奏

作為下屬，你要細心觀察自己的主管，注意主管的工作習慣和方法，從行動節奏上與主管達成一致，是與主管展開良好合作的一個重要方面。

在公司裡，你也許會覺得主管安排給自己的工作都做不完，哪還有時間對他進行觀察呀。別急，就讓我們一起來看看，為何要觀察主管，要觀察主管的哪些方面。每個主管都有自己最在意的價值觀，這些信念構成了每個主管的內在思想基礎。這些核心價值觀不會隨便妥協，也不容易改變，因此，當你不小心觸犯到主管的核心價值觀時，就會引爆與主管相背的負面情緒。

例如：有的主管非常在意守時，他會因為你的遲到怒氣橫生；有的主管愛整潔，如果他看到你把工作用品亂擺就不舒服；有的主管則注重誠實，所以一旦你言辭閃爍，他就立刻追問指責。此外，有的主管看效率，有的主管重勤儉，只要多跟同事們打聽，並培養你的敏銳觀察力，你就能找出主管的核心價值觀，並調整自己的工作態度，配合自己主管的工作。不知你是否有過這樣的經歷：當你向主管訴說你和他共同的觀念、立場，或者發現相同的興趣、愛好，或有相似的經歷時，兩人的思想就很容易產生共鳴，碰撞出激烈的火花。

一位退伍軍人與一個陌生人在長途客車上相遇，他們的位置都在司機背後，雙方彼此無言。不料，車開到半路就拋錨了，司機忙了一通卻沒有修好。退伍軍人正打算開口，這位陌生人搶先一步建議司機把油路再查一遍，司機半信半疑的去檢查了一下油路，果然找到了原因。這位退伍軍人感到對方這絕活可能是從部隊學來的，於是試探著問：「你在部隊待過吧？」「嗯，待了六七年。」「噢，咱倆還應算是戰友呢。你當兵時部隊在哪裡？」於是這一對陌生人就談了起來，據說後來他們還成了朋友。

如果退伍軍人沒有悉心觀察和推斷，無法發現自己和陌生人都當過兵這個共同點，當然，他們也就無法成為朋友了。

觀察主管、了解主管的價值觀正是為了更好與主管相處，更有效建立與主管的健康工作關係。

到月底了，蘇起新想把這個月的圖書發行情況向自己的主管彙報一下，藉此也可以向主管表明自己來公司一個月的成績，想到自己這個月做得非常努力，工作成果也不錯，蘇起新心裡忍不住暗暗高興起來。不料上午到公司後，他並沒有看見主管，聽同事說，主管下午會來，於是他就去忙自己的工作了。蘇起新不想下午向主管彙報工作，認為下午主管的工作多，彙報自己的工作會受別的同事打斷，就堅持等到第二天上午。第二天上午，主管十點多才到公司，進辦公室沒多久，蘇起新就敲門進去，不顧主管一臉倦容，滔滔不絕講起自己準備好的內容。主管雖然沒有打斷蘇起新，但是當蘇起新把一串來自客戶的資料包給主管時，主管還是很煩躁的叫他再說一遍，蘇起新只好又重複一次這些資料，主管突然氣沖沖的問道：「你怎麼搞的，這個月才完成了三家客戶？」蘇起新知道主管聽錯了，自己說的三家客戶是要求再進貨的，正當他要向主管解釋時，主管卻不耐煩朝他揮了揮手示意他離開。

蘇起新離開主管辦公室後心裡很不痛快，完全不知道自己錯在哪裡，下班後便充滿怨氣的和同事說起這事，同事說主管最近夜夜加班趕稿，上午一般不喜歡有人打擾。原來如此！

主管晚上熬了夜，第二天往往精神狀態和心理狀態都不太好，這時去向主管彙報工作肯定會碰到麻煩。這也是主管對蘇起新的話一時反應不過來，還非常生氣的原因。如果蘇起新事前知道主管的情況，等到吃過午餐看到主管心情好了，再去彙報交流，結果肯定不一樣。

心理學告訴我們，每個人都有著固定的情緒處理模式，每次發作時的過程也都差不多。如果你平時注意主管的情緒反應：什麼事會讓主管高興，什麼事會惹主管生氣，什麼事會讓主管焦慮，什麼事又會對主管產生壓力；同時，當主管出現這些異常的情緒反應時，主管又是如何處理的。慢慢你就會掌握主管的情緒處理模式，一旦發現主管的非正常情緒反應後，下次你就會知道該如何避開雷區，並且能採取更好的溝通方式，以免不慎讓雙方的情緒都雪上加霜。

進入公司以來，唐軍輝只知悶頭工作，力爭把自己的分內工作做到完美。但是，他總是得不到主管的賞識。例如：唐軍輝上午把自己的創意提案交上去，主管就會隨便看看的打回來，讓唐軍輝好好修改，下午下班之前再交上去。唐軍輝心事重重的修改到下班也沒改好，就只好拖到第二天上午再給主管，結果又被打了回來。

一次，主管指定唐軍輝陪客戶出去辦事。回來後，主管詢問了唐軍輝很多細節，唐軍輝回答後，主管什麼也沒說就走了。第二天唐軍輝見主管對自己一直很嚴肅，卻不知道自己哪裡又做錯了……因此，唐軍輝每天上班，一看見主管的眼神，心裡就會忐忑不安、如履薄冰。

有一次吃午餐，唐軍輝與主管面對面坐在了一起。主管主動對唐軍輝說：「小唐啊，你平時的工作很賣力，很多關鍵的工作就交給你去做了，上次陪客戶的事讓你去辦，你稱呼客戶為何不是總監而是經理呢?要知道我一直這樣稱呼的。事情做完了，你好像也沒寫個總結給我呀。工作之外有時間你也看看我寫的方案，格式至少要一致，我呢習慣下午思考問題，上午處理雜事……」那天主管說了很多唐軍輝沒有注意的事。

在企業裡，你如果想要更快速進步和成長，不只是要努力工作，也要像你的主管一樣去工作。看看主管的上下班時間，盡可能比主管來得早，走得晚；看看主管的加班態度，確保自己是自願和感覺自然的；模仿主管跟客戶談判的模式與說辭，了解他們用了哪些技巧；學習主管處理工作的思路；觀察主管是如何規劃、設計和安排工作的；模擬主管遇到問題時，怎樣利用資源解決問題……諸如此類，你都要盡可能的去觀察、去分析，跟上主管的工作節奏。

站在主管的角度上

你知道地獄與天堂有什麼區別嗎?居住在地獄裡的人,在每天就餐的時候都會看到一張很大的餐桌,桌上擺滿了豐盛的佳餚。但是他們的手中拿著一雙很長筷子。每個人用盡了各種方法,嘗試用他們手中的筷子去夾菜吃。可是由於筷子太長,最後每個人都吃不到東西。天堂也是同樣的情景,同樣的滿桌佳餚,每個人同樣用一雙很長的筷子。不同的是,他們餵對面的人吃菜,而對方也餵他自己吃。因此每個人都吃得很愉快。地獄與天堂本質上沒有什麼區別,不同的是居住在其中的人。地獄裡的人只為自己著想,最終大家都吃不到東西;而天堂裡的人都為對方著想,大家都吃得很開心!

美國著名哲學家威廉·詹姆士這樣評價一個人的行動和他一生命運的關係,他說:播下一個行動,你將收穫一種習慣;播下一個習慣,你將收穫一種性格。和主管相處也是如此,需要我們經常換位思考,當我們站在主管的角度思考問題時,主管也會為你著想的!

楊文章在目前這個公司已經工作三年了,不管是環境,還是主管,以及周圍的同事,他都非常滿意。但是突然,楊文章的主管要調動工作了,他要離開公司,臨走的時候請他喝茶。

他語重心長的說:「和你在一起工作非常開心,有你做我的助理我也非常放心,所以我希望你能跟我一起走，我們到新的公司更好發展。」楊文章知道主管要去的公司比這裡要好很多，不管是薪水，還是其他。但是仔細想了想，自己和主管的情況不同，主管是別人請過去的，而他如果去了，只是主管的一個附帶品，別人未必像對待他一樣對自己。而且進入一個新的環境，自己還要重新融合進去，這是需要花費時間和精力的！而他不想離開已經相處了三年的同事，還有手中的這份工作。

但是，如果楊文章直接這麼拒絕了主管，顯然不好。雖然以後他不再是他的主管了，但是他依然要為他著想。於是，楊文章想了想，說：「我也非常非常喜歡和您在一起工作，但是我和您不同，您的處事能力和思維能力，都是我所不及的。再說，我對新的公司一點都不了解，您也不了解，我們兩個生人在一起工作，是否能互補的作用。這恐怕對您的工作不利。」主管聽了直點頭：「也是，到時候就我倆一個辦公室，我們都不熟悉業務和公司的運轉情況，那該如何是好？」倆人都笑了，主管最後笑著說：「等我混好了，你想跳槽了，就來找我吧！」

楊文章也笑了。雖然他不知道主管說帶自己一起過去，是出於真心，還是在炫耀自己的跳槽。但是，支持主管、站在他的角度上考慮問題，永遠是不變的法則。

不要以為主管比你官職大，就不需要你的支援。許多時候，一個下屬能力的強弱基本上取決於他的行動：同樣是過瑣碎的日子，有的人機械的翻版著昨天的一切，而另一些人，卻將成功的種子埋在了瑣碎中，靜待其開花結果。讓主管感覺到你對他的支持，是對主管工作最大的肯定，也是對主管尊敬的最好展現！

最近公司主管換了，新來的那個主管看起來不那麼隨和。同事都在議論呢，說怎麼看都沒有原來的主管好。

作為公司中的一員，詹信宏也有這種議論的權利。但是他沒有參與議論，雖然自己和原來的主管關係很好，但是他知道，自己以後要面對新的主管，這個新主管將是和自己一起工作、決定自己未來職場命運的人。所以，詹信宏要替他考慮問題，沒有辦法，這是生存的法則。

那天開會，新主管提出一個方案，立刻遭到幾個同事的反對，大家一起議論說原來主管的方案如何合理，如何讓人心服，唯獨我沒有說話。新來的主管看起來是個厲害角色，他不動聲色的問詹信宏：「你認為呢？」詹信宏一下被問住了，這個時候詹信宏一邊面對的是同事，一邊面對的是主管，不管怎麼回答，都會得罪其中的一方。這個時候，詹信宏突然想到，原來的主管對我說過的一句話：「不管什麼時候，都要站在主管的角度上分析和考慮問題，這是職場制勝的法寶！」

詹信宏沉住氣，微笑著說：「其實，我覺得不管是原來主管的方案，還是新主管的方案，都是為我們大家著想，為公司的發展著想。只是兩個人的出發點不同。」於是，詹信宏仔細分析了兩名主管的不同出發點，然後針對公司的情況進行總結，分析出新主管措施的優點和缺陷。然後自我批評的說：「作為一名祕書，我覺得是我失職，我沒有很好的向新來的主管交代公司的情況，讓他迅速了解公司狀況。」新來的主管聽詹信宏這麼說，臉上露出了笑容。同事也只能說他是一個負責任的祕書，其他的還能說什麼呢？

同理心是自我學習的好方法。也就是與人處事，站在對方的立場上來全面考慮問題，這樣看問題比較客觀公正，可防止主觀片面；對人要求就不會苛求，容易產生寬容態度。同理心是站在主管的角度上考慮問題，切身體會主管當時的感受、想法，做出利於主管的舉動。

這是一家集團公司，主管經常定期換動，這種調動雖然是公司不成文的規定，每個人都應習慣，但每到這個時候所有員工的心情都是挺複雜的。

作為一名主管，馬四強也要不定期面對不同的主管。而馬四強經常看到原來與前任主管關係甚好的同事，由於不了解後任主管的脾氣與性格，之前所處的良好境況很可能有所改變，風光不再。若要取得好的發展必須重新與新任主管聯絡溝通、培養感情。而原先與前任主管關係很一般的同事，則會有撥開雲霧重見天日的感覺，往往會摩拳擦掌，準備重新樹立自己的美好形象。

馬四強明白，每個主管都喜歡時時替自己著想的員工。而自己雖然明白要站在主管的角度上想問題，但是他不是那種特別會說的人，所以更多的時候只能表現在兢兢業業的工作上。

那天，主管找馬四強要一個報表，他認真仔細完成了。主管對他的報表非常滿意，他說：「看你平時話不多，做起事情來還真讓人放心。」馬四強笑著說：「因為我覺得只有我這邊做好了，主管那邊才能少分點心，這樣才能有更多的時間去處理其他的事情。」主管意味深長看著馬四強，點頭笑了。

馬四強對於每個主管都是如此！兢兢業業做好自己分內的事，讓他們少操點心，其實這就是一種換位思考的方式，同樣會得到主管的重用。不然憑什麼，自己年紀輕輕就能當上主管呢？這個職位可不是誰想要就能得到的！

職場中，每個人都有自己分內的事，如果你一隻眼睛看著別人的工作，另一隻眼睛看著自己的工作，只能使主管感覺你是三心二意的人。

當你進行同理心的時候，能使主管感受到你對他的尊敬。由於每個人看事物的角度不一樣，就會採取不同的方法去處理，遇到事情都要先分析事因，再同理心，多體諒主管，多理解主管，多包容主管。不管怎樣，心裡想著主管，就不會有錯！如果你沒有這種能力，也不屑於此，就做好自己的本分工作吧，這也是一種同理心的方法！

一定要克制住自己

你是否遇到過這樣的事情：自己很信任的主管在背後說你的壞話？或者當眾出你的醜？這個時候你感覺被欺騙、被出賣，你失望、沮喪，還有些傷心和難過，甚至於想當眾頂撞他？一旦出現這種情況，最好是讓自己冷靜，避免與主管發生衝突。把握住自己的機會後，再尋找時機與主管溝通。

張小尹覺得，剛畢業就找到了一家大公司做設計師，理所當然，因為自己的設計一直都是非常出類拔萃的！但是，工作之後，張小尹開始不斷有失落感。因為他總覺得自己被主管操縱了。張小尹可能還不適應正常上班的時間，所以有時會遲到。但是每次都不會遲到多長時間，不會超過半個小時的！但是就因為如此，主管對張小尹的態度一天比一天惡劣。張小尹一直壓抑著……直到那天，張小尹又遲到了，主管看著他問：「怎麼又遲到了？」張小尹無所謂的說：「鬧鐘沒響！」主管發怒了：「天天都不響？」張小尹也吼：「難道你想送我一個？」主管滿臉通紅，下午就給張小尹發了辭退書。張小尹一直以為主管可以接受一個設計師的瘋狂，但是他想錯了！看來剛走入社會的張小尹，還是沒有經驗！

張小尹跳槽到一家小企業，心想：這下該受器重了吧？這次主管是很器重他，但是有一點，凡事主管都要過問，時間久了，張小尹發現自己的廣告創意和公司規劃相差甚遠。

於是又開始和主管有了頂撞的行為，張小尹又一次失業了……

恃才自傲、忽略他人利益和感受，即使是高級人才，最終也會損壞自己在業內的名譽。恃才自傲的前提是，你真的有才，並已將這種才能發揮出來了！只有當主管真正體會到你的作用，才能將你放在重要的位置上！但是，無論怎樣，恃才自傲還是不提倡的，尤其是在與主管相處的時候。

李育勇經過這麼多年的努力才當上主管。剛畢業時，沒有任何人幫他，很多事情都是碰到頭破血流才明白的。所以每當公司裡有新進的大學生時，李育勇都想起自己當年的情形，所以對他們都特別憐惜。後來公司來了一個剛畢業一年的女孩，特別乖巧，交代的事情總是很快就能做好。當然剛開始的時候她還是很多東西都不懂，李育勇都不厭其煩的教她。不過她也很爭氣，學得非常快，所以李育勇對她就很器重。李育勇給了她很多機會去展示自己，在主管面前也對她褒獎有加。

那時候直接主管李育勇的還有一個主管，這個主管為人和能力都很差，李育勇對他也早有怨言，對那個女孩很信任之後，他們也會偶爾聊起對公司的一些看法，也包括對其他人的評價。李育勇把自己的真實想法跟她說了。後來，李育勇制定的一個工作計畫，本來在會議上都已經透過了，但是第二天主管卻通知他取消。李育勇當時挺生氣的，當著全體員工的面透過的事情，怎麼說取消就取消呢？李育勇想向主管發火，說幾句頂撞的話。但他忍住了，敲開了主管的門，走了進去，很耐心的問：「我想知道原因？我覺得這個方案真的不錯！」主管看了李育勇一眼：「你是不是覺得你很有能力，甚至於超過了我？」李育勇一愣，想起了前天對那個女孩說的話。根據多年的經驗，李育勇意識到是自己被出賣了！於是他穩住了自己說：「每個人都有自己的特點，在企劃上您可能沒有我強，但是在管理上，我卻沒有您有能力！這就是為什麼您是主管，我是下屬。」這話主管聽了，還挺受用。他看了李育勇一眼，叮囑說：「你不要光顧著工作，要小心身邊的人。」

李育勇當然明白主管這話是什麼意思，同時也知道了，自己的企劃被透過了。但是關於那個女孩，李育勇也不會怪罪於她，他覺得這個女孩還是不聰明，因為他很快就知道了她兩面討好的用心。李育勇雖然不是挾私報復的人，但是，他對她再也不會那麼信任了。

在職場上經常會遇到一些主管或同事，出於個人的利益或其他的目的而傷害了你。主管的正常批評和指責，有時可能不夠客觀，但你還是可以接受。

有人為了避免這種情況，不敢和主管多說什麼。其實，很多時候事情都需要自己去調和，而不是頂撞！人性可能都有自私的一面，或者是一時糊塗，或者是看待問題的角度和方式不大一樣等，這些都可能會使你覺得自己被傷害了，從而產生了和主管發生頂撞的想法或行為。面對即將與主管發生的頂撞，一定要克制住自己，最好能明白主管為何要問你這樣的問題，是不是出在自己身上。然後針對不同的情況靈活處理這些即將發生的頂撞！

第五章　和主管保持良好適當的距離

下屬面對的主管一般不只是一個人。如何使自己與多個主管的關係都能處理得恰到好處呢?掌握好與主管之間的距離很重要。與主管相處，交往接觸不能太多也不能太少，不能太近也不可太遠。否則，對工作和正常相處都不利。

別和主管走得太近

有句古話叫做：「伴君如伴虎。」在職場同樣如此，下屬離主管太近，說定什麼時候就會把主管得罪了，有時是因為你不經意間發現了主管的隱私。如果跟主管保持一定的距離，就會避免這種事情的發生。

最不願意被人看到的是隱私，主管更是如此。不管你是有意還是無意，一旦當著主管的面知道了他的隱私之後，你們的關係也將產生改變。儘管你們誰也不想表現出來，但實際上已經發生了根本的變化。你們之間曾有的和諧就會被打破，並基本上朝著不利的方向發展。沒有哪個主管希冀窺見自己隱私的下屬老在眼前晃來晃去的，即使他有所顧忌不解雇你，也會找機會將你踢得遠遠的。

許正中經過一輪又一輪的考試，終於如願以償進了一家電腦公司。他謙虛好學，手腳勤快，又趕眼色，很快就贏得了主管的好感，主管對他格外關照，經常對他的工作進行指導。許正中為了表示感激，經常主動跑腿幫主管辦一些無關緊要的瑣事。由於兩人居住在同一個區域，下班後主管常讓許正中搭便車，漸漸的，兩人的關係就超出了主管與下屬的關係。即使在公司裡，許正中在主管面前也沒有一點拘束感。

有一次加班，完工後主管讓許正中跟同事們先走，他還有一點工作要處理。許正中在公司附近的速食店吃過晚餐，忽然想起主管還沒有吃晚餐，就買了一份飯給主管送去。主管的房門虛掩著，他沒敲門就闖了進去，結果看見主管的懷裡坐著一位女同事。兩人先是一陣慌亂，然後又裝出一副若無其事的樣子。許正中的臉倒是紅了，他把飯一放，趕緊溜了出去。許正中不明白，女同事跟自己一起離開公司的，怎麼又回來了？許正中更不明白，平時主管挺正派的，已經結婚的人，怎麼又跟下屬勾搭上了？

後來許正中發現這些問題對自己都無關緊要，緊要的是他在面對主管和女同事時的尷尬。儘管他們都裝出什麼事都沒發生的樣子，可是許正中發現，女同事刻意躲著他，主管對他客客氣氣的，下班後也不邀請他搭便車了。許正中思來想去，為了表明自己的態度，他給主管發了一封電子郵件：「我是一個開明的人，也是一個寬容的人，我不會做傻事的。」

此後，許正中跟主管的關係還是沒有什麼改善。有一天，公司裡忽然傳出主管跟那個女同事關係曖昧的消息，許正中感覺到主管對他的態度明顯惡化了。其實，許正中並沒有透露這件事，是主管跟女同事幽會時被別的部門的人發現並傳播的。但主管卻認為是許正中所為。許正中開始還想找主管解釋，但是想到事情會越描越黑，就只好任憑事態發展了。

不久，公司在一個偏遠的地區成立辦事處，許正中被調到了那個誰也不願去的地方。剛開始，許正中不想去，他到公司人力資源部質問，得到的答覆是：年輕人需要到基層接受鍛鍊；公司認為你是一個開明和寬容的人，不會對這次調動持有不同意見。許正中沒想到自己向主管表明態度的措辭，竟成了公司「發配」他的理由。

每個公司在更換總經理之後，往往會進行一系列的人事調整，原有的管理人員有的保不住位子，同時有的下屬會在競聘中脫穎而出，走上管理職位。這正所謂「一朝天子一朝臣」。你跟原先的主管走得太近，就會在調整中受到影響。不管你的主管是晉升了，還是調離了，你新的主管都會對你有所顧忌，因為你是以前主管的人，再繼續重用你，你很有可能還經常跟以前的主管通氣，對新主管來說，這是你最不忠誠的表現，你的這種行為也是主管最忌諱的。如果新主管跟以前的主管有心結，那你最好考慮主動走人，主管絕對不會把「敵人」安插在自己身邊，更不會重用「敵人」。如果你的主管是非正常調離，作為跟他走得最近的人，即使你沒有問題，也有嫌疑，新主管是不會重用一個不清不白的人的。

有的下屬認為，我會對新主管表示忠誠的，會贏得新主管的信任。但新主管往往不這麼想。因為你身上有鮮明的前主管的印記，顯得不可信。你往往還沒對新主管表示忠誠，就被新主管一腳踢開了。跟主管走得太近，一旦主管換人，就會讓人對你產生以上種種不利的聯想，這些聯想無形之中就成了把柄，這些把柄無須找藉口表達出來，就決定了你遭「株連」的命運。如果你跟主管保持不遠不近的距離，就不會受到主管更替的影響。

張明明雖然在公司裡才工作了三年，卻被同事們稱為「老下屬」。張明明一進公司就在人事部工作，三年換了兩任老闆，三任部門經理，管理人員也進行了幾次大換血，她卻在職位上巋然不動。好友向她詢問有什麼祕訣，她坦然的說：「我跟主管總是保持著一定的距離，從不跟某一個主管過度親近。沒有人說我是哪一個主管的人。我只對工作負責，而不是對某一個主管負責。」

在公司裡，下屬跟主管過度親近，就會被認為是主管的人，被同事看作主管的心腹和安插在他們之中的間諜，自然會引起同事的反感；跟主管走得太近，就可能得到主管的關照，自然會引起同事的嫉妒，就會導致跟同事之間的關係緊張，從而失去同事的支持和幫助。

周偉因為跟主管走得很近，關係很親密。主管也經常給他關照，同事們都以為這是他向主管打小報告得到的回報。一天，周偉家裡發生了一件緊急的事，需要他出面處理。他手頭上的企劃案還沒有完成，而那天又是最後的期限。他只好找同事幫忙，幫他把企劃案的後半部分完成。同事一本正經的對他說：「你跟主管那麼好，讓主管寬限一天，要不就讓主管幫你完成。」他又去找別的同事幫忙，沒想到同事眾口一詞拒絕了他，都是同樣的藉口。

下屬與主管之間的距離太遠容易被主管忽視，太近又會招惹麻煩，不遠不近自然是最適當的。為此，你應該把握以下幾點：與主管單獨相處的時間不要過長；去主管的辦公室彙報工作，或者請示問題，要速戰速決。時間過長，就會讓人覺得兩人的關係很親密；在公共場合，無論交談還是娛樂，跟主管待在一起的時間更不要過長，那樣最容易引起別人的關注和猜疑；如果你跟主管上下班走同一條線路，要減少一起上下班的次數。如果主管請你搭他的便車，你要委婉的拒絕。

別模仿你的主管

在職場中，有些下屬由於心儀主管的形象，或者為了滿足自己的虛榮心，不但穿得像主管，而且還模仿主管的言行舉止，在公司裡表現得像個主管，甚至有的比主管還主管，結果引起了主管的不悅，被主管抓住了把柄，一個藉口就掃地出門。

在公司裡，有的主管表情很嚴肅，處處表現得高高在上，自然表明了跟下屬不同的身分；有的主管平易近人沒一點主管的架子。前一種主管，很容易讓人感覺到主管跟下屬之間的界限；後一種主管，就容易讓下屬做出錯誤判斷，認為主管是戰友，而忘記了主管是主管的角色。其實，無論主管表面上多麼隨和，多麼平易近人，但有一點是亙古不變的：主管就是主管，他是公司裡那個跟下屬不一樣的人。認識到這一點，你就會驀然醒悟，並總結出主管跟下屬的諸多不同。

在公司裡，主管與下屬之間是有鮮明界限的，即使有的主管因為平易近人的工作作風模糊了這種界限，但這種界限仍然是確實存在的。如果你覺察不到，就容易成為這種界限的犧牲品。

誠然，有些下屬在模仿主管的時候，並沒有想到可能會引起主管的不悅，反而以為會得到主管的賞識。這些下屬是主管的崇拜者，他們模仿主管，就像追星族模仿偶像，他們穿和主管一樣的衣服，學習主管的言行舉止，渴望有一天自己也坐到主管的位置上。有些下屬則純粹為了滿足自己的虛榮心理，表面上表現得像個主管，似乎就是主管了，一言一行都在向同事炫耀：看，我是當主管的材料，總有一天我會做主管的。甚至在陌生人面前，也擺出一副主管的派頭，瀟灑一把過癮。殊不知，這樣一來，你做的就是一件職場中不可能的事，即消除主管跟下屬之間的界限。你的行為不但徒勞無功，還會引起主管的反感。沒有哪個主管希望他的下屬來混淆他在公司裡獨特的地位，甚至搶他的風頭。心胸狹窄的主管，可能很快做出反應，給你點顏色瞧瞧。心胸寬廣的主管，可能開始對你不屑一顧，但隨著時間的推移，心中的不滿就會越累積越多，當你的放肆引發他心中的怨氣爆炸的時候，也就是你在公司裡的表演結束的時候。

某公司總經理助理范春天總是不自覺模仿總經理的穿著打扮。總經理時常保持著背頭的髮型，他也梳一個背頭的髮型，剛開始頭髮不聽使喚，他就用慕斯固定住；總經理平時在公司喜歡穿一身灰色的·皮爾·卡登西裝，他也整天穿一身灰色的皮爾·卡登西裝；總經理手腕上戴的是瑞士名錶，那錶價格不菲，范春天捨不得買，就戴了樣式差不多的金錶。不但如此，范春天還極力模仿總經理的言談舉止，講話的聲調，連簽字的姿勢都模仿的唯妙唯肖，簡直就是活生生的另一個總經理了。

總經理召開會議前有一個習慣，就是先把主管杯裡的綠茶喝完才開始講話。有一次，總經理出差在外，范春天受主管的委託召開由各部門經理參加的會議。人員都到齊了，范春天堅持將主管杯裡的綠茶喝完，才宣布開會。這引起了部門經理的不滿。有的人就告到了總經理那裡，總經理笑了笑，心底卻感到不悅。因為范春天表現得太像總經理了，有一次，一個客戶來訪，錯把范春天當成了總經理。這件事傳到了總經理耳朵裡，沒過幾天，范春天就被炒了魷魚。范春天被通知到人力資源部談話，得知自己被解聘了，問理由是什麼。

人力資源部總監笑了笑說：「我們招聘的不是總經理，是總經理助理。」范春天若有所悟，但他並不認為自己做錯了：工作又沒出現什麼失誤，也沒給公司造成什麼損失，怎麼就突然把自己解聘了？他又去找總經理。總經理和顏悅色的說：「做出這樣的決定，是基於以下考慮：你是個出色的人才，現在完全有能力開公司、自己做主管了。公司不想繼續攔著你，耽誤了你的前程。」

有些人天生性格外向，喜好炫耀，不但表現得與身邊的同事不同，而且表現得比主管更像個主管。主管不在的時候，他表現得像個主管；主管在的時候，他也忍不住搶主管的風頭。這樣的下屬就像糞金龜拴在鞭子末梢上，只知騰雲駕霧，不知死在眼前。

有個人應聘到了一家公司，給主管開車。整天在主管身邊轉來轉去，他感到無比的威風，漸漸就以特助自居了。在普通下屬面前他頤指氣使，連部門經理也不放在眼裡，愛理不理的。最後他成了孤家寡人，公司下屬都反感他，有的下屬還詛咒他出車禍。他不但沒有收斂，而且漸漸發展到在主管面前，表現得比主管還像個主管。走路的步伐比主管還沉穩，讓主管站在車門前等他；下車後擺出的架勢比主管的派頭還要大。有一次主管帶領幾個部門經理去跟一個客戶洽談，在酒店迎接的人錯把他當成了主管，讓站在一邊的主管好不尷尬。事後，幾個部門經理特意跟主管「美言」了幾句，他就被辭退了。

主管是這樣跟他談話的：「我這公司廟小，養不了大和尚，決定暫時不需要司機了，你還是另謀高就吧。」

在公司裡，下屬隨著工作的變動，地位也會隨著發生一些微妙的變化。但是，無論怎樣變化，你都要牢記：你跟主管之間是有鮮明界限的，你不能表現得跟主管一個樣。不要穿得比主管名貴，打扮得比主管奪目，同主管在一起的時候，自然就奪去了主管的風采，吸引了別人對主管的注意力。這可不是主管希望看到的。有的主管可能不喜歡裝扮自己，但你也不要以為這樣的主管就不會在乎下屬的穿著打扮。他不注重自己的儀表，並不等於承認自己甘願被下屬的風采蓋住。離開了公司，離開了主管，即使你在天橋上學模特兒走貓步，也與主管無關了，因為你的風采已經對主管構不成任何威脅了。

所以，工作中一定注意自己的穿著打扮，萬萬不可表現得比主管還要好。同主管在一起，一定要突出主管的地位。

同主管出席公務活動，或者陪主管一起休閒，一定要注意突出主管的地位。你一定要表現出低主管一等的姿態來，手勤，腿勤，態度謙遜，讓人一眼就看出他是你的主管。當你面對的是一個相貌醜陋、甚至是沒有一點主管氣質的主管量更要小心應對。如果別人錯把你當成主管，你應該及時表明你不是主管，然後趕快向對方介紹你的主管。這樣就會及時化解尷尬，又不失主管的尊嚴。所以，在與主管相處的時候，你除了恰當的表現你的身分，更重要的是表現你自己的執行能力，來取悅你的主管。

主管並非知心朋友

有些人遇到煩惱和挫折，會找知己者傾訴一番。把知心朋友當成自己的精神寄託，他們一般也會得到對方的幫助。基於此，有些下屬潛意識裡會把主管當作知心朋友，並希望與主管之間建立起一種互相信任和互相幫助的關係。當他們真正這樣去做時，卻很容易讓主管抓住把柄，影響其在職場中的發展。

五年前，一篇在網路廣泛流傳的文章稱，主管最關心的是公司的利益，也就是他自己的利益，這是他的根本利益。下屬也關心公司的利益，因為只有公司發展了，下屬的利益才會得到保障，並有上升的可能。下屬最關心是自己能從公司的利益裡獲得多少，是否合理。主管是以下屬為公司創造效益的多少來衡量下屬的，而下屬是以能從公司獲得多少來衡量主管的，所以，一旦達不到雙贏，主管與下屬之間的和諧就會被打破。

在企業裡，主管與下屬之間不適合發展友誼，更不適合做知心朋友。主管和下屬僅限於一種工作關係。主管給下屬提供工作機會，下屬給公司創造效益。就是這麼簡單。在計畫經濟時代，下屬進企業參加工作後，似乎把自己的一切都交給企業了。不但工作上有什麼事好捅到主管那裡，連家庭瑣事也找主管傾訴。如果下屬把與工作無關的事情捅到主管那裡，主管一般懶得管，並容易引起反感。

如果你滿腔熱情的把主管當作知心朋友，什麼事找主管傾訴，不知你想沒想過沒有：他是否也把你當作知心朋友？如果主管與你曾經是朋友，也許會念及舊情，還把你當作知心朋友看待，那你不妨跟他傾訴與工作無關的事情，並尋求他的幫助。如果主管擺出一副高高在上的樣子，顯然是提醒你注意：現在你們的身分已經有所不同了，你就不要再把他當作知心朋友，公事公辦，私事也不要帶到公司裡來。

一般下屬與主管並沒有特殊關係，卻向其傾訴，主管一般都會很反感，但礙於情面，一般不會當時給你難看，他會提醒說：「對不起，現在是上班時間，我很忙。」如果你以主管的知心朋友自居，認為向主管傾訴是天經地義的事情，賴著不走繼續傾訴，就會惹惱主管。主管會陰沉著臉說：「你先回去吧，我馬上要開會。」甚至將你轟出去。這樣，你給主管留下的印象就不只是不好，而且是惡劣了。與主管傾訴私事，不但讓主管覺得你公私不分，而且有侵占公司利益的嫌疑，當然，讓主管最直接感覺到的就是你沒有自知之明。給主管留下如此印象，你就別指望在公司裡獲得好的發展了。

有的主管性格外向，而且平易近人，很容易吸引下屬向他靠攏，甚至消除戒備心理，把隱藏在內心深處的想法毫無保留的傾訴出來。你跟主管交心，可以說是犯了職場中的大忌，即使跟一般同事，都不應過多暴露自己，況且是跟你的主管。如果你什麼都跟主管講了，你就成了透明的，主管就完全掌握了你的情況，在對你的管理中就完全占據了主動。特別是你把自己的弱點暴露給主管，你就成了主管手中任意宰割的羔羊。

劉迪清是一家電腦公司的技術人員，跟主管相處得就像哥們。一天下午，劉迪清加班加得很晚，主管請他吃晚餐。幾杯酒下肚，劉迪清頭腦一熱，說他也想開一家電腦公司。主管一愣，但很快恢復了表情，並鼓勵劉迪清說：「年輕人就應該有幹勁，我支持你。」劉迪清說：「我現在的技術還說得過去，但對銷售還是一知半解。」主管說：「一邊工作一邊學習嘛。憑你的能力，再做上兩年就能獨當一面了。」劉迪清說：「你放心，兩年之內我是不會走的。」

一週後，公司又招聘了一名技術人員，劉迪清也接到了解聘通知。劉迪清一臉茫然，找主管詢問。主管一本正經的說：「在我的公司裡，你已經沒有什麼需要學習的了。你應該多做幾家公司，多累積點經驗。我是從你的自身發展考慮才忍痛割愛的。」劉迪清驀然醒悟自己為什麼被炒魷魚了，都是因為自己跟主管交心，才讓主管抓住如此「富有人情味」的把柄！

下屬若把主管當作知心朋友，就容易忘記自己在公司的角色，向主管提一些不該提的建議，如，「新的一年開始了，為了提高工作積極性，是不是該給我們加薪了？」甚至這樣向主管表述：「我認為，為了提高下屬的積極性，應該給下屬加薪。」雖然你的本意是為公司著想，但加薪是主管決定的事，即使真的應該加薪，也輪不著你說三道四。況且，你站在下屬的立場上提讓主管為難的建議，讓主管覺得你代表下屬跟他作對。長此以往，你就成了主管的眼中釘，裁員的首要人選。

鄧友國是公司的管理人員，跟公司主管是中學同學，所以一直把主管當作知心朋友看待，經常向主管提一些與自己工作無關的建議，為下屬爭取利益。雖然主管很少採納鄧友國的建議，但久而久之，鄧友國便贏得了「工會主席」的綽號。鄧友國很得意，卻引起了主管的極度反感，將他調到分公司，分到一個無足輕重的職位上。鄧友國不服，質問人事部。人事部答覆的理由是：不熱愛本職工作，缺乏敬業精神。鄧友國研究了一番才醒悟，不由得黯然神傷：自己把主管當作知心朋友，沒想到主管卻把他看作普通下屬！他越想越心灰意懶，最後主動辭職走人。

在職場中，下屬不要妄想成為主管的知心朋友，也不要把他當作知心朋友，這條捷徑是行不通的。要想在職場中獲得成功，還是按照職位職責扎扎實實的做事，用優異的成績來贏得主管的青睞。這種方法雖然笨拙，卻是最成功的。

與主管之間的界限不可逾越

在職場中，有些下屬忽視了與主管之間的界限，有意無意的站在了主管的位置上指揮，雖然自己感覺很爽，卻引起了主管的極度不滿，從而葬送了在公司的前途。

下屬有時候是無意識的站在主管的位置上，所做的也只不過是主管同意的事情，他當時並沒有意識到有什麼不對，甚至還以為主管也會這麼做，我替主管做了，又有什麼不可？可是他沒有想到，主管在意的不是你做事的結果，而是你站在了他的位置上。你把原本屬於他的權力給侵占了，他自然會不高興。再者，雖然是些小事，但你擅自替主管做主，就成了大事，這說明你無視主管的權威，剝奪了主管拍板的權力，主管勢必會給你點顏色瞧瞧，殺殺你的「威風」。

周慧麗在一家著名的時裝雜誌社任美編，一天，她接到一個電話，是剛出版的那期雜誌的封面模特兒打來找主編。正巧主編參加公益活動去了，周慧麗告知模特兒主編不在，有什麼事她可向主編轉達。模特兒說，主編送給她的幾本雜誌都被別人拿走了，她想再找主編要幾本。周慧麗立即說，好啊，你過來拿吧。

這種事經常在編輯部裡發生，雖然超出了規定，但是為了和模特兒保持密切的關係，也為下次合作順利，主編一般都會滿足模特兒的要求，所以周慧麗很爽快讓模特兒過來拿。模特兒拿走雜誌後，周慧麗並沒有向主編彙報，她認為這是件微不足道的小事，沒必要讓主編知道。

後來主編還是知道了這件事。在一次派對上，模特兒跟主編說起她第二次拿的幾本雜誌，幸虧她早藏起一本，否則全被朋友拿走了。主編一愣，問誰給她的雜誌。模特兒說是一位小女孩。主編心裡一研究，就知道是周慧麗做的。不久，主編以「工作需要」為由，讓周慧麗去做發行。周慧麗對發行一竅不通，也沒有一點熱情，只好主動辭職。

有的下屬在主管創業初期，就一起打拼，為公司立下了汗馬功勞，也同主管建立了深厚的友誼，自然在公司裡就有一定的特殊地位；有的下屬長期在主管身邊工作，深得主管的信任。這樣的下屬容易產生錯覺，以為深受重用就消除了與主管之間的界限，從而不自覺站在主管的位置，替主管做起主來。雖然你的出發點是為主管分憂，也是為了維護公司的利益，但即使你做對了，主管心裡也不會舒服，更不會接受這樣的事情，因為作決定的應該是他，而你不過是一個普通下屬而已。

陳開燕在主管助理的職位上已經做了五年了，兢兢業業，經常主動留下來加班，深得主管的賞識。這天，主管一走進辦公室，就著急的對陳開燕說：「還是你們公司的產品好。上週我請你給公司發傳真，中止合作並將人家奚落了一頓。你快告訴我電話，我要親自向人家道歉。」陳開燕得意的說：「那個傳真我沒發。」主管一愣：「沒發？」陳開燕解釋說：「我認為那個傳真欠妥當，所以我沒發。」主管又問：「上週我讓你發給歐洲的那幾封信，你發了沒有？」陳開燕說：「我都發了。我知道什麼該發，什麼不該發。」主管一時無語，悶坐了一會，氣沖沖的走出辦公室。不一會兒，陳開燕就接到了人力資源部的電話，她被解雇了。陳開燕並沒有馬上離開公司，而是等到主管回來。陳開燕問：「難道我做錯了嗎？」主管說：「難道你沒意識到？」陳開燕問：「我錯在哪裡？」主管說：「辦公室裡有一個主管就足夠了！」陳開燕哭泣著離開了公司。瞧，「辦公室裡有一個主管就足夠了！」主管的藉口看似冠冕堂皇，卻切中要害。誰讓你站在主管的位置指揮呢？

在工作中，無論你與主管的關係多麼親密，你也不要逾越與主管之間的界限，該主管決策的事情，就一定要主管拍板。

即使主管有時候不在身邊，需要立即處理的事情又微不足道，你完全能夠處理，而且知道主管也會像你一樣處理，也不要輕舉妄動擅自主張，應該及時向主管請示，得到授權後再處理。有時候，當你發現主管讓你執行的決策錯誤時，你也不要貿然指出主管的錯誤，更不要擅自改變主管的決定，而應該婉轉的說：「還有一個方案，您斟酌一下，是不是可行？」如果主管意識到自己錯了，就會按照你的方案辦；如果主管剛愎自用，非要你執行他的錯誤決定，你只管執行好了。等主管發現自己錯了，也不好意思找你麻煩，反而會暗地裡賞識你的態度，授權你做一些重要的事情。

把握好與主管之間的距離

剛工作時，林永中抱著走「群眾路線」的想法，盡量遠離主管，和同事打成一片。林永中以為只要認真做事，就能在公司立足。可是三個月試用期還沒到，就被炒魷魚了——因為主管覺得他「表現平平」。不久，林永中又找到另一份工作，吸取上次的教訓，頻頻在主管眼前閒逛：開會時總搶著坐在他旁邊，隔三差五主動彙報工作……同事們的鄙視早在意料之中，可讓林永中沒想到的是，有一次無意中聽到主管說他「太愛出風頭」……

古語云「伴君如伴虎」，在現代職場上，主管就是每個普通職員心中的那隻「老虎」：離得太遠，怕被忽略；離得太近，怕被傷著。其實關鍵要看，主管願意與你保持多遠的距離。「主管」也分很多種：親和的、嚴肅的；傳統的、前衛的……不同的性格，決定了主管與你之間「距離」的長度，弄清這點很重要。不要害怕流言蜚語，我們不可能讓每個人都滿意，凡事做到問心無愧就好。

員工跳槽已經司空見慣了，主管也已經習以為常了。由於公司經營不善導致薪資太低，使員工長期得不到加薪等等，都能成為員工跳槽的理由，只要員工去意已決，主管怎麼挽留也沒用。主管也能理解員工的心情，只要你在離開公司前營造和平友好的氛圍，主管也不會刁難你。畢竟，你們以後還可以做朋友。

但是，如果你跟主管鬧得特別僵，傷了感情，由朋友變成了敵人，主管就可能會報復你，在公司說你的壞話，甚至把壞話說到你的新主管那裡，這就會成為新主管手中的把柄。在同一個行業，主管有可能彼此了解甚至很熟悉，一個電話或者一封電子郵件，都可能砸了你的飯碗。

張雅卉跳槽到了一家公司擔任主管，可沒過多久就接到了解聘通知書。她感到大惑不解，就去找主管詢問。主管反過來問了她兩個問題，讓她回答「是」或者「不是」。一個是：

「你去美國學習是以前的公司委派的嗎？」張雅卉回答：「是。」另一個是：「你跳槽是因為跟主管意見不和嗎？」張雅卉回答：「是。」主管說：「這就是解聘你的原因，因為你不夠忠誠。」張雅卉急忙說：「可是——」主管打斷張雅卉的話：「我不想聽你辯解。」

張雅卉只好黯然離開公司。開始她弄不明白主管為什麼問她這樣兩個問題，不久，原來公司的同事打電話給她，她才知道是以前的主管作祟。同事告訴她，主管開會說她剛跳槽就被炒了魷魚，這就是對公司不忠誠的下場。原來，張雅卉以前的主管同現在的主管認識，便告訴現在的主管，說張雅卉忘恩負義，不把主管放在眼裡。

這都怪張雅卉跟主管鬧僵了。張雅卉跳槽的主要原因是她的管理理念跟主管的不同，為此兩人經常產生分歧，主管指責她執行不力，她也覺得自己施展不開手腳。她決定辭職，跟主管口頭報告的時候兩人吵起來了。主管罵她忘恩負義，她罵主管欺人太甚，最後她收拾好自己的東西就離開了公司，連最後一個月的薪資也沒要。其實，張雅卉去美國學習雖然是公司委派的，但是張雅卉負擔了一半費用，而且現在也超過了協議中規定的為公司工作的期限。至於跟主管意見不和，主要是管理理念不同，但這都不能證明她對公司不夠忠誠。對公司不忠誠——只不過是以前的主管為她捏造的藉口，而真實原因是她的把柄落在新主管手中。

的確，員工出於對公司的不滿才跳槽的，但這並不能成為敵視主管的理由。你應該從積極的方面評價主管：公司給你提供了工作機會，學習提高的場所，使你得以實現自己的人生目標；主管言傳身教，使你學會了很多技能。因此你就應該感恩主管。

當你決定辭職的時候，你應先口頭上向主管報告。你要委婉的陳述你的理由，如果你覺得自己真正辭職的理由可能會傷及主管的尊嚴，可以隨便編造個說得過去的理由。其實，員工主動提出辭職，主管一般會猜個八九不離十，你不妨直說。比如：「我認為我的薪資太低了。」「咱公司裡比我優秀的人太多了，我一直得不到晉升的機會。那家公司答應讓我做主管。」「我的專業在公司裡得不到發揮，我還是到專業公司做比較好。」在主管思考的間隙，你可趁機向主管表示感謝，如：「謝謝公司對我的培養，讓我學到了很多東西。」以此拉近你與主管的感情。如果主管給你加薪或者升遷，你可以考慮留下來。如果主管同意你辭職，應再次向主管表示感謝。

離開公司時，為了表示對主管的感謝，你可以請主管吃飯。主管一般會推辭，即使答應跟你吃飯，往往他也會主動買單。主管在飯桌上會說一些客套話，比如：「歡迎你回來，公司的大門隨時為你敞開。」前提是你是個人才。你要說：「謝謝，說不定我還會回來。」

在你辭職前應該提前與主管溝通，並遞交書面報告。在離開公司前的這段時間，像往常一樣上班，把手頭上的工作做完，做不完的要向主管說明，由主管決定移交給誰。要做出什麼事也沒有發生的樣子，不要把自己辭職的消息在公司裡傳播，否則會擾亂軍心，引起主管的不滿。注意，主管最忌諱的事情是把公司的商業祕密帶走，因此你要兩袖清風、光明磊落的離開公司。懂得了感恩主管，就不會在跳槽前同主管鬧僵，從而不會給主管留下壞印象。這樣，你就可以放心的在新公司裡大展宏圖了。

正確處理與主管的關係

在工作中，有些下屬總是會見著主管就繞著彎走。而多跟主管聊聊天，不管從哪個角度說，都是一件對你的職業生涯極有好處的事情。有些很有「正義感」的人總是有這種看法：跟主管走得近乎的人，不就是為了想升官、要待遇，其實也不見得有什麼真材實料，就是總在主管眼前走動。「正經」人是不屑、不齒如此的。

不可否認，在某些企業確實存在著這種現象，如果你目前在這樣的企業工作，離主管遠近還真無所謂，因為即便混上個一官半職的也沒什麼太大意思，如果你是在效益好、能學到真本事而又競爭激烈的企業，多與主管接觸接觸是一件很必要的事情了。因為無論是從開闊思路的角度考慮，還是從站穩位置的方面著想，讓主管喜歡你是很重要的。

某公司有位女員工名叫高娟娟，原來是低調內斂的聰明，只是公司一位重要主管時常過來找她聊聊天，這位主管雖不直接主管高娟娟，但他是公司董事會的成員，他的意見可以直接影響到每一位員工的去留。因此，這位女員工一直穩穩當當、別人無法頂替的做著一份工作。這份工作的唯一缺點就是不太能顯出高娟娟的精明，並且讓別人在背後說些她與那位主管的「小道消息」。

後來，那位主管因為個人原因離開了公司，有些人便傻乎乎的認為高娟娟這下沒人「疼愛」了。根本不是那麼回事，不管你背後說什麼，新主管上任三個月，便對高娟娟青睞有加，大會小會一通的表揚。高娟娟是聰明人，自從受了第一次表揚後，她總是能在樓梯間、餐廳裡適時的與主管巧遇，看似有一搭，無一搭的說些工作上的想法什麼的。高娟娟從不多說一句話，反正主管喜歡她是瞎子都看得出來的，因為主管一見了她就顯得心情特別好。高娟娟工作上的成績確實也是有目共睹的，當然是不是就真的到了主管表揚的那麼傑出的程度不好說；反正高娟娟不僅得到了公司年度的最高獎勵，並且主管有意讓她升為中層主管。高娟娟沒答應。結果一年後，這任主管又走了。第三任主管走馬上任了，徵求了一些人的意見，高娟娟就升了部門主任。因為前任主管的下屬都幫高娟娟說好話。這第三任主管跟前兩任一樣，見了高娟娟就忍不住的高興。有些人背後說高娟娟能得到政見不同的三任主管的共同「喜歡」是性格所致。因為高娟娟有「女人味」。這話背後的意思也許不那麼高尚，但是那些不服的人從此就不得不服了，讓所有的主管都喜歡，人家高娟娟能，你能嗎？這是「智慧」。誰都知道高娟娟業務是不錯，但不錯的不止是她一個人，為什麼主管偏偏信任她呢？因為她會審時度勢，會製造機會讓主管了解自己，進而信任自己。

在見到主管的時候，即便是作為一個基層員工，多說一說工作上的事情，告訴主管你想了些什麼、想怎麼做，不但可以表明你對工作是很用心的，主管自然會認為你是個敬業的員工；更能讓他可能給你一些意見和建議，這也對你的工作很有好處。畢竟，在一個以市場為導向的公司裡。他能做到主管的位置，就表明他有過人之處，值得學習。所以，多跟主管接觸，對你的工作是件極有好處的事。

有些下屬見了主管像見了「惡狗」一樣，繞著走，要不就勉強打個招呼，也是有心沒肝。這會給主管一個錯覺：以為你在工作上出了什麼問題，是不是你的部門主管跟你有心結了，還是你自己出了什麼差錯，怕主管知道，說不定還會以為你在想辦法對抗他呢，要不怎麼見了主管就像耗子見了貓似的。這種員工要麼是真的有什麼事情不願意主管知道，要麼就是「清高」，再要麼就是對自己的工作成績缺乏自信。第一種情況就不說了，第二種情況的厲害前文也已經敘述清楚，第三種情況，實在大可不必。也許你是對自己要求太高，對自己總是不承認、不滿意，也許主管並不像你自己認為的那樣，也覺得你成績不好；即使你真的是比別人差些，只要你工作努力了，主管也並不會看不起你。總之，主管不可怕，不要見了就繞著走。多跟主管溝通絕對只有好處、沒有壞處。

宋清華最近經常挨批，原因是他在公司得罪了和自己本職工作根本不挨邊的財務部劉主任。原來，劉主任與宋清華的頂頭主管汪主任關係非常好，所以她經常到宋清華的部門來坐坐。有一次，宋清華拿著一份企劃書去向汪主任彙報，當時劉主任也在。這份企劃書是宋清華花了一個多星期才辛苦做出來的，汪主任看後對這份企劃書也很認可。可誰知劉主任卻對企劃書提出了很多意見，而汪主任聽了劉主任的說法，也對企劃書改變了態度，他對宋清華講：「這個企劃書你先放這吧，等我考慮考慮再說。」一聽此話，宋清華就來了脾氣。自己的企劃書，被劉主任這個「外人」幾句話給否定了，於是扔下一句：「看來我以後來彙報工作，得找劉主任不在的時間來。」劉主任一聽「你這話什麼意思？」「沒什麼意思，你劉主任影響力大，公司的事情都得透過你呀，你說不好誰敢說好呀！」要不是汪主任攔著，兩人很可能就吵起來了。事後，兩人一碰面就橫眉冷對，後來乾脆連招呼都懶得打了。

　　宋清華或許是一個耿直不彎的人，那就腰桿子再硬一點，如果自己在工作上不犯錯誤，即便劉主任想整治都沒有機會，不要去埋怨別人雞蛋裡挑骨頭，事實上沒有骨頭的雞蛋才是好雞蛋。如果宋清華真的做得足夠好，在團隊裡有不可替代的作用，劉主任或者汪主任要處理他也是需要再考慮的。宋清華和劉主任當面爭吵，在事後還對她愛理不理，從這些可以看出，宋清華缺乏對主管的尊重。不是說對主管一定要卑躬屈膝，但起碼的職業倫理還是要有的。如果缺乏尊重，在處理對待主管的某些行為上會有所偏頗，就會出現反作用力。也就是，你越是對他不尊重，主管對你就會越看不順眼，形成一個惡性循環。

是否懂得尊重主管展現的是會不會做人。在企業裡，不管你有多高學歷、多能幹，如果不懂得如何去做事，最終的結果肯定是失敗。任何事情首先是自己如何做事，然後是如何待人。從古至今，能做事的人很多，但成功的人不多，就在於這些人在「做人」這件事情上吃了虧。如果在主管與下屬之間進行力量對比，顯而易見主管處於強勢。在工作中一旦與主管產生了心結，或演變為兩個人的「私人恩怨」，此時下屬不妨先「妥協」一下，也許更利於心結的化解。畢竟讓高高在上的主管認識到他自己的錯誤，不是一件說做到就能做到的事，這個時候如果下屬主動溝通，誤會就很容易消除。而宋清華並沒有這樣做，相反卻和劉主任拉開了「看看到底誰怕誰」的架勢。其實，只要宋清華向她道聲歉就可以了，沒有必要在這些無謂的事情上浪費精力。

透過分析不難體會，在公司與主管關係處理是否得當，基本上會影響日後的職業發展，所以不論遇到任何狀況要冷靜的判斷形勢，經過分析後再做出相對的行動，才能更好達到目的。

那麼，下屬如何正確處理好同領導人的關係，首先要弄清楚下屬與領導人之間是什麼關係。從體制上、職務上說，兩者的關係只有一種：工作關係。這種工作關係，在職能上，下屬要為主管服務，做主管工作上的助手和參謀，具體任務就是做事；在組織上，下屬與領導人是上下級關係，主管下屬執行指令。從怎樣處理好主管的共事關係這個角度來講，下屬與主管是指下屬同主管關係中應當展現的一種政治本色和道德精神，不是指兩者的組織隸屬和工作職能。下屬與其直接服務的主管則不同，他們除與主管有共事中的互助互補、諍友關係外，更主要的還是受組織之派去為主管服務的，要接受主管的指令，而且還要按照辦公室的要求進行工作。

如何正確處理好下屬與主管的關係，是經驗問題，也是共事的一種藝術，有重要的現實意義。由於不同的主管具有不同的性格，他們的思維方式以及對工作的習慣、要求、喜好等都有千差萬別，要真正做好服務工作，還要靠下屬自己去摸索。但是，從總體上看，也可以找出一些普遍性、規律性的東西在行動中遵循。下屬要正確處理好與主管的關係，關鍵在於有效的服務。

下屬要分清主次，精心安排，使主管能用盡量少的時間來辦較多的事，解決較多的問題。因此，下屬要盡量站在主管的角度來考慮問題。

大學畢業後，張亮進入一家電力機械公司，職位是祕書。所謂祕書，基本上祕書的首要職責就是將主管的日常瑣碎事務照顧好。張亮是個愛動腦子的人，在端茶送水這些小事上，他揣摩出許多道理：主管的話講得多時，便多倒幾次水，主管講得慷慨激昂時，便不要去倒水，以免打斷他。

張亮學的是英語系，經常跟在主管身邊做隨身翻譯，很快他便研究出了什麼樣的話需要一帶而過，什麼樣的話需要逐字逐句的翻譯，供主管在對方說話的語氣中尋找對方的談判意向，以便最大限度的將談判向著自己利益最大化的方向傾斜。

同時，張亮平時做得最多的便是幫主管整理檔案，一般的祕書都是喜歡按文件的時間先後擺放，張亮卻不這麼做，他按照自己理解的檔案的重要性來擺放，並且將相互有關聯的檔案放在一起，以便主管隨手之處便可找到自己最需要的東西。

當有人問張亮為什麼要這麼做時，張亮說，我是祕書，但我覺得凡事都應該站在主管的角度而不是站在自己的角度去考慮問題，最大限度的為主管提高效率是祕書的職責，哪怕是這種瑣碎不被人矚目的小事。

如此，當張亮把所有的瑣碎小事都做得與眾不同時，主管明白，再讓他做這種沏茶倒水的事便是大材小用了。

下屬應在主管的用意和要求下進行工作，要虛心聽取主管的意見，認真領會主管用意，在工作中認真貫徹執行。執行中既要主動靈活，又不能自作主張，反輔為主。更不能打著主管的旗號，擅自處理各種問題。下屬要圍繞主管抓的重點，深入實際，調查研究，做到心中有數，有問必答，隨時提供主管決策指揮的參考資料。

參謀是下屬必須履行的基本職責，融於下屬工作的各個具體環節之中。首先要堅持按政策參謀。下屬向主管提出的任何建議都必須符合黨的路線、方針、政策，不能違反政策法規隨意參謀，更不能超出政策範圍想當然參謀，擾亂主管的思維。其次，要圍繞工作參謀。下屬參謀必須始終圍繞主管的工作進行，不能離開工作胡參亂謀，向主管提出的建議必須經過深思熟慮，切實可行，能夠有效解決工作中的問題。第三，要客觀公正參謀。下屬向主管回饋情況必須做到真實準確，不能只報喜不報憂或只報憂不報喜；提出建議必須對事不對人，不能假參謀之名，行整人害人之實。第四，要選準參謀方式。下屬參謀可以透過會議發言、專題彙報、請示報告、來信來訪等多種方式向主管參謀。下屬參謀則主要透過起草檔、撰寫講稿、開展調研、回饋資訊等方式進行。因此，下屬腦筋要多用，嘴要少用。要寓參謀於服務中，於服務中主動參謀。

與主管的距離就像炒菜

身為職場人，必須要懂得：與主管的距離不要超過公司裡的行政設置，如果與主管關係過密，就會招來同事的非議和主管的不信任。盡量與主管做好關係是絕對應該的，但要想成為一名受歡迎的員工，你在和主管打交道的時候，無論如何都要記住：每個人都希望能給主管留下好的印象，有很多人認為只要和主管像朋友一樣親密相處，自會於無聲處柳暗花明。然而，這其實是個盲點。雖然讓主管全面的了解自己，是員工升遷計畫成功的關鍵。但是，無論什麼時候，主管就是主管，即使主管和下屬的關係很不一般，也不表示主管和下屬之間沒有距離。畢竟你與主管在公司中的地位是不同的，這一點一定要心裡有數。不要使關係過度私密，以致捲入他的私生活之中。過度親密的關係，容易使他感到互相平等，這是非常冒險的舉動。因為不同尋常的關係，會使主管過分的要求你，也會導致同事們的妒忌，可能還有人暗中與你作對。

邱家偉因為資歷深，又與主管的關係密切，主管讓他做一個專案企劃。另外兩個同事的工作時間雖然短，但業務能力也很棒。為了展現自己專案負責人的身分，邱家偉跟夥伴約法三章：有好的創意要及時向他彙報，由他來判斷是否可行；每天下班前向他彙報工作進度；他提出的意見，第二天必須整理完畢。

對於邱家偉的獨斷專行，另外兩個同事頗有微詞。雖然主管讓邱家偉負責，但是專案需要三個人來做，只有三個人精誠合作，融合大家的智慧，才會把企劃做得最好。邱家偉的約法三章，明顯凌駕於兩個同事之上，似乎他是最高明的，別人都不如他。兩個人的心裡自然都不痛快，並產生了排斥感。隨著工作的開展，邱家偉與兩個同事的心結不斷提高。

有一次，一個同事想出了一個絕妙的創意，向邱家偉彙報後，卻沒有得到一句肯定的話。邱家偉板著臉讓他再斟酌一下。後來，這個創意被邱家偉改動了一個無關緊要的地方，付諸實施了。還有一次，邱家偉讓另一個同事修改一處文字，可這處文字並無錯誤，只是兩人的表達習慣不同。同事沒改，邱家偉責罵同事陽奉陰違，結果兩個人爭吵起來。兩個同事被邱家偉一提醒，果真陽奉陰違，開始出工不出力。完工的期限快到了，企劃案還沒有完成。邱家偉很著急，請求兩個同事加把勁。他沒想到兩人幾乎異口同聲說：「我們能力有限。你那麼高明，還是你自己加油吧。」邱家偉明白這是藉口，也明白兩個人想看他的笑話。他找到主管，誹謗這兩個同事不配合他的工作。主管經過調查知道了事情的真相，就不再讓他負責這個項目企劃了。

不論何時何地，即使你們的關係很不一般，主管就是主管，也不意味著你對他可以沒有敬畏和恭維。然而，卻往往因為你和主管走得很近，就忽視了這一點，從而影響了自己的職業發展。

李秀蘭和她的女主管周俊麗非常合得來，不光在工作上珠聯璧合，就是個人愛好也驚人相似。比如她們都喜歡用某個品牌的化妝品，喜歡到星巴克喝咖啡，喜歡聽蔡琴的歌……為此兩個人在一起的時間也就多一些。有一次兩人不約而同穿了一件不同款式卻絕對風情萬種的衣服，她們在更衣室相遇，嬉笑著互罵彼此是妖精，於是李秀蘭私下裡就稱曉萍「老妖精」（周俊麗比李秀蘭大兩歲），周俊麗也樂得回一句「小妖精」。辦公室本是多事之地，她們的親密自然招致了別人的非議。周俊麗從此也就收斂許多，她有意無意的慢慢疏遠李秀蘭，可是李秀蘭卻沒有意識到這點。

一天，周俊麗在自己的辦公室裡接待一位客戶，李秀蘭敲門後進來，以為沒有別人，就對著周俊麗問：「嗨，老妖精，今天晚上去看電影怎麼樣？我買到了兩張票。」周俊麗的臉色立即很不自然，看都沒看李秀蘭，只說了一句：「你冒冒失失的像什麼樣子？這是在辦公室。」李秀蘭愣了一下，這才發現在那張寬大的黑色沙發裡，坐著一個穿黑衣的瘦小老者。不久，李秀蘭被調到市場部做統計，離開了這份自己十分喜歡的人事勞資的工作。

可見，與主管的親密關係不一定會成為自己的保護傘，雖然，與主管親密會讓你覺得前途一片光明，但如果處理不好，會給你帶來負面影響，就像李秀蘭一樣，不分場合，一味讓主管與自己「親密無間」，最後卻因此離開自己心愛的工作。這是李秀蘭在當初走近周俊麗時所沒有意料到的。

業務部的周茹娟是個很能幹的女孩子，去年還成了全公司的銷售狀元，由此深受經理張國麗的賞識。周茹娟活潑大方，性格外向，所以張國麗和她很談得來，經常在工作上幫助周茹娟，周茹娟本來人就很聰明，受高人指點，這下業務能力大有提高。第二年年底，周茹娟被張國麗任命做銷售部主管。做了主管後，由於要花一些精力管理，周茹娟的銷售業績有所下降，公司的風言風語就多了起來。一天她和張國麗一起吃飯，隔壁房間傳出幾個同事熟悉的聲音：「看，周茹娟現在賣不出東西了吧！這都怪張國麗用人不當。」「周茹娟本來就有管理能力嘛，也許是張國麗看在她天天陪吃飯逛街的分上，給了她這麼個安慰獎。」「喲，是嗎？真不要臉……」周茹娟和張國麗面面相覷，兩人再無半點食慾。

儘管升遷、加薪都是靠你的努力和業績得來的，但因為你和主管的關係十分密切，人們也會說「一切皆靠拍馬屁得來」，你說喪氣不喪氣？就像周茹娟這樣明明是自己努力得來的，卻要被別人說成是拍馬屁的結果，這都是因為與主管距離太近，才遭到別人的非議。

與主管的距離就像炒菜，旺之則焦，熄之則生。無論是在公司還是公司，一個優秀的員工都應該懂得自己與主管或主管之間的差別，儘管可能有時你很受主管的賞識，是主管手下的熱門人物，但別忘了主管畢竟跟你不是一個級別的同事，你們的關係是主管與被主管。你可以與主管關係和諧，但不必太過親近。這裡面有「度」的問題，一旦越過上下級進入私密的主管層，那麼就要小心你的前程了。

第六章　主管面前要謹言慎行

在主管身邊工作，首要的是做到不該說的不說，不該問的不問，不該做的不做，謹言慎行。在與主管相處時，要調整好心態，正確看待個人利益上的得與失，多從大局考慮，不斤斤計較，不患得患失，淡泊名利一身輕。

不該說的不說

主管的助手和主管接觸較多，進出主管辦公室較多，看到聽到的較多，主管一舉一動都在他們的視目之中。所以主管的助手不僅要求各方面素養高，還要加強品德教育，做好各方面的自我修養，而且還要事事處處規範個人的行為。

與主管同行時，一般都會議論一下公司裡的人和事。往往這時就是考驗你的人格的時候，不要以為你和主管的關係已十分要好，就可以藉機對某人或某主管品頭論足。記住：善於肯定別人要比喜歡挑剔更能贏得主管的好感。尤其是在人背後相互議論的時候，善於發現別人的優點，而不是一味指責，更能展現你的寬容、大度。只有通曉了這一點，才能有效利用與主管單獨在一起的契機，向其展現自己高於競爭對手的人格魅力。

在主管面前不該說的不說，放低姿態，這是自我保護的良方。

年輕的澳洲政治家約翰．布洛戈登有「未來總理」之稱，因為在酒會上的超常失態舉動，被迫宣布辭職，自毀大好前程。三十七歲的布洛戈登此前被澳洲各方看好，認為他最有可能在二〇〇七年的競選中脫穎而出，成為澳洲年輕的總理。

然而，布洛戈登應了「禍從口出」的俗話。他參加澳洲旅館協會舉行的酒會時，因為其多年的政治對手鮑勃．巴爾剛剛辭職，心情痛快的他一口氣喝了六瓶啤酒，不勝酒力的他立即醜態百出：先是跟幾個金髮女郎亂調情，然後笑稱巴爾的馬來西亞裔妻子是「郵購新娘」。

澳洲總理霍華德強烈譴責布洛戈登的言論：「那樣說真是大錯特錯了。我跟海倫娜熟悉，她是一個非常大方熱情的人，那樣的言論怎麼也不應該說。」

布洛戈登在當天匆忙舉行的記者招待會上神情尷尬的表示，他對自己的「不恰當舉止」表示道歉。

巴爾對布洛戈登的言辭十分不滿：「我沒辦法接受他的道歉，因為他那般話不僅給我的妻子海倫娜造成了莫大的精神傷害，而且也深深刺傷了跟我妻子一樣背景的其他公民」。巴爾的妻子海倫娜十七歲時從馬來西亞到澳洲求學，畢業於雪梨大學，後來成為成功的生意人，並且在澳洲政界以熱情而聲譽頗佳。

後來，布洛戈登辭去自由黨黨魁一職，這同時意味著他失去了成為澳洲總理的機會。

身在職場的你應該怎麼做呢？

在主管面前，絕對不要拿現在公司與原公司比較，無論比出個什麼樣的結果，都會讓主管不高興，如果你說原來的公司的管理制度嚴謹，工作環境比現在好，比咱公司好多了。主管肯定會立即拉下臉，扔下一句「那麼好你就回去吧」。其實，即使你說的都是事實，原來公司確實不錯，畢竟你現在端的是新的飯碗，這麼不忘舊好總是不近人情。但也別以為喜新厭舊就好，如果你在現任主管面前大談原先公司的不是，情況只會更糟。他覺得你今天能這麼議論原先的公司，下次就會這麼說現在的公司。

在公司裡，要是你整天惦記「我要當主管，自己置辦產業」，很容易被主管當成敵人，如果你說「在公司我的水準至少夠副總」或者「三十五歲時我必須做到部門經理」，那麼主管會認為你是一個狂妄自大的人，從而處處打擊你，甚至會讓你永世不得「翻身」。

野心人人都有，但是位置有限。你公開自己的進取心，就等於公開向公司裡的主管挑戰。僧多粥少，樹大招風，沒必要自惹麻煩，處處被人提防，被主管看成威脅。做人要低姿態一點，這是自我保護的好方法。你如果真的想實現你的雄心壯志，這時候韜光養晦一點也沒什麼不好，能人能在做大事上，而不在說大話上。

傳說，有個寺院的住持給一個新來的和尚立下了一個特別的規矩：每到年底，他都要面對住持說兩個字。第一年年底，新和尚說「床硬」，第二年年底，新和尚說「食劣」，第三年年底，新和尚沒等住持提問，就說：「告辭」。住持望著新和尚的背影自言自語的說：「心中有魔，難成正果。可惜！可惜！」

老和尚所說的「魔」，就是指新和尚心裡有沒完沒了的抱怨，只考慮自己要什麼，卻從來沒有想過自己給予了別人什麼。這種「魔」一旦生成，在一個地方待的時間越長，他就會越不滿，最後只能離開。

在職場中，類似於那個新和尚的人並不少見。由於這種人抱怨成性，且不從自己身上發現問題，這就註定了他們不可能在職場裡有所作為。一張封不住的嘴時時都在發牢騷及抱怨，無論走到何處，都會覺得別人欠他的太多，因此他們腦子裡的「魔」便會不分人前人後的從嘴裡往外竄。更糟糕的是，他們每到一個新的企業總是要對以前的公司不留口德，指指點點、品頭論足，以此來抬高自己，貶低他人。

有一位女士，憑著一副秀麗的外表跳槽到一家新公司，和她同部門的一位「同類」，主動上前問她：跳槽後最大的願望是什麼？她長吁一口氣說：「我暫時還談不上什麼願望，我跳槽的原因就是再也不想見到那個令人討厭的男主管。」人家又問她那個男主管為什麼如此讓她討厭，她說：「他心眼極小，喜歡指使人，愛搬弄是非，他的最大樂趣就是當著眾人的面把別人指責得一無是處。」孰料她現在的頂頭主管也是一個男士，他在一邊聽了後心裡就開始嘀咕：對原來的男主管如此說三道四，指不定哪天離開這裡，我也要成為她嘴中話題了。罷了罷了，我還是趕緊找主管把她炒掉算了。沒幾天，公司就以試用期沒透過為由將這位女士辭掉了。

不該說的不說。下屬經常出入主管辦公室與主管接觸，主管的言談、研究工作等其他事情知道較多，有些還牽扯到一些機密問題，如人事調動，經濟工作等。這就要求他們嚴守祕密，不論在何種場面，人多人少，不該說的不說，以防給主管造成不利的影響，給工作增加不必要的麻煩。

高強曾在外商工作過，由於觀察力強，他經常能提前想到主管的想法，因此深得器重。後來他跳去某公司，依舊處處揣摩主管的心思。開始時主管似乎很認可，誇他腦子轉得快，有眼力。於是他變本加厲，經常與身邊的同事交流主管的想法，預測主管下一個行動，並提前做好準備。但結果出人意料，他逐漸發現主管對自己越來越冷淡，不但不再誇獎，而且經常找麻煩，過了沒多久，他被主管隨便找了理由，就給打發到了一個「空閒」的職位裡去了。他很困惑，不是職場裡都教人要懂得揣摩主管用意，提前做好準備，以得主管歡心嗎？

很明顯，高強犯了跟三國時代的楊脩同樣的錯誤：懂得揣摩主管用意是件好事，但過度解讀主管的用意卻是致命的「自殺」行為。其實做到一定管理職位的職場人士都知道，對下屬保持一定的距離和神祕感，可以讓他們摸不清自己的底細。如果一舉一動都被這些「高人」看得一清二楚，就像身邊多了部X光機，令自己無所遁形，那種感覺就像天天在這位下屬面前「裸奔」。另外，如果下屬都知道主管的思緒，也會給主管帶來威脅感和挫敗感。想安全的在職場裡生存，一定要懂得分清哪些事情是不要隨意打聽，不該問的不問，更不許道聽塗說。

切勿傳播主管的隱私

真正聰明的下屬是懂得不對主管的隱私報有好奇心的，要知道有些事只能點到為止，才能給自己留下一片自由呼吸的空間。

每個人都有好奇心，但這種好奇心卻無意中成了製造心結的根源。大家在一起談論主管，將議論傳播出去，就是製造主管與下屬之間的心結，使辦公室人人自危，對你這個導火線只有避之唯恐不及。知道主管的隱私，也許會成為他的心腹，也許會成為他的心腹之患。

某公司的江若晴、張娜娜和李曉娟及其他同事均在同一辦公室，江若晴和張娜娜業務能力較強，公司正準備從這些人中提拔一位作為辦公室主任接替即將退休的老主任，其中江若晴和張娜娜比較有希望，而江若晴與上層主管關係不錯，張娜娜是老主任的紅人，主管已經漏出口風，計畫由江若晴接任。此時卻發生了一件意想不到的事情，傳出江若晴好像存在男女關係問題，此事是由李曉娟口中得知。事情的結果是張娜娜接替老主任，主管對李曉娟不滿意，藉故將其調到一個效益較差的部門去工作了。

李曉娟就是因為傳播了主管的隱私，而被主管抓住把柄，打進「冷宮」。而李曉娟並沒有因此得到好處，反而受到同事們的戒備和主管的批評。

人人都有好奇心，很難忘記一旦獲悉的祕密。用巧妙的方法處理這樣的事情，才能使自己免於禍患。如果是在偶然的機會獲得祕密，裝作不知道這件事情，不要使主管懷疑到你的頭上。要盡量避免加入談論主管隱私的行列，不要凡事都愛湊熱鬧。要是沒有酒量的人更要注意，避免酒後失言。即使無意中洩露出去，也要當作無辜的樣子，給人本身是一件公開的事情的感覺。如果事情重大，可以直接找人談話，藉以警告，以示如果真正出現了洩密，就能夠追查到源頭。不過，再怎麼補救也不如不傳播主管的隱私。

有個長舌的老婦人向牧師承認說過許多人的閒話，她不知道還有沒有辦法可以彌補。牧師並沒有對她說教，只是給她一個枕頭，要她到教堂的鐘樓上，把枕頭裡的羽毛散到空中去。她照著做了。牧師說：「好吧，現在把每一根羽毛再收集起來，放回枕頭裡去。」這位老婦人為難的說：「牧師，那是辦不到的！」牧師很嚴正的說：「同樣的，要追回所說的每一個閒話，那就更難辦到了。」

有的人一有點委屈，喜歡把自己的煩心事告訴別人。有人或許在偶然間把你當作知心的朋友對你傾訴衷腸。你獲得了主管的隱私，此時千萬不可得意，因為在無形之中你已經增加了一份擔子，擔了一份責任，在暗中暗藏了一絲禍端。無論是有意的還是無心的，主管的隱私一旦從你之口暴露，不僅會使主管難堪，而且會使你身敗名裂甚至失去工作。

傳播主管的隱私會造成很大的影響，會使該主管在辦公室中輕者羞愧，重者顏面掃地。該主管對你恨之入骨，也許在工作中還會成為對頭。同時，主管會對你存有戒備之心，與你的關係會越來越僵。要明白畫龍畫虎難畫骨，知人知面不知心，特別是對於主管來講，他的隱私也許就是要搞掉這人的一張牌。你在無意之中幫了他的大忙，但沒有人會感謝你，相反會對你加倍提防小心。

到處傳播主管隱私的人同時也是最自私自利的人，他們有時是因過於自私，處處時時想著自己能從中得到多少好處，結果常常是事與願違。還有的人是看問題過於狹隘偏頗，只考慮自己，不顧及其他人，凡是不對自己脾氣的，都一概予以否定。另一種便是用放大鏡甚至是顯微鏡看人，將主管的微不足道的缺點放大。他們很難與人友好交往，即使並沒有直接說對方不好，但他那萬事皆不如意的心態，讓人很難同他找到舒心滿意的共同語言。久而久之，人們會覺得此人太「刁」，難以相處，常常避而遠之，偶有接觸，也只好打個哈哈敷衍了事。總是傳播主管的隱私，最終會成為難以與人相融的孤家寡人。

不要議論主管

凡事都要有分寸，說話也要有分寸，談論事情要分場合，議論他人要看對象。一次無心的議論也許會變成他人的成事跳板，對自己無疑是一大壞處。

許多人都有這樣的習慣：喜歡在閒暇的時候議論主管。但請你千萬要記住，議論也要分場合和對象。在閒暇的時候與同事聊天，說了一大堆關於主管和公司的壞話，說不定什麼時候就傳到了主管的耳中，主管對你的態度就會有很大的轉變。這種事在公司或辦公室中確實不少。所以，不要和同事議論主管，一定要注意這一點。

同事之間的相處要把握好尺度，不要全部交心，即使是關係非常要好的同事，相互發一些有關主管的牢騷，也是不明智的行為。同事之間應該是相互勉勵、相輔相成的關係。但關係非常好的幾個同事聚在一起喝酒，談論的話題總是有關公司和主管的，總愛發表一下對公司或主管的不滿。

在工作過程中，因每個人考慮問題的角度和處理的方式難免有差異，對主管所做出的一些決定有看法，甚至變為滿腹的牢騷也是難免的，但是不能到處宣洩，否則經過幾個人的傳話，即使你說的是事實也會變調變味，待主管聽到讓他生氣難堪的話了，難免會對你產生不好的看法。

古代有個姓富的人家，家裡沒有水井，很不方便，常要跑到老遠的地方去打水，家裡甚至需要有一個人專門負責挑水的工作。因此，他請人在家中打了一口井，這樣便省了一個人力。

他非常高興有了一口井，逢人便說：「這下可好了，我家打了一口井，等於添了一個人。」有人聽了就加油添醋：「富家從打的那口井裡挖出個人來。」

這話越傳越遠，許多人都知道了，後來傳到宋王的耳中，宋王覺得不可思議，就派人來富家詢問，富家的人詫異的說：「這是哪裡的話，我們是說挖了一口井，省了一個人的勞動，就像是添了一個人，並沒有說打井挖出一個人來。」

就像上面的例子一樣，如果你在同事間議論主管的話傳到主管耳中變成「打井挖出一個人來」，那麼就算你有很好的成績，也難得到主管的賞識。況且，你完全暴露了自己的弱點，很容易被那些居心不良的人所利用。這都會對你的發展產生極為不利的影響。所以最好的方法就是在恰當的時候直接找主管，向其表示你自己的意見，當然最好要根據主管的性格和脾氣用其能接受的語言表述，這樣效果會更好些。作為主管，他感受到你的尊重和信任，對你也就多些信任。這比你處處發牢騷，風言風語好多了。所以議論主管不是一件該做的事情。

司馬相玉就有過這方面的教訓。那還是幾年以前的事，那時她在部隊當文書，連隊的幾個幹部都比較喜歡她，也願意與她交談，或讓她替他們辦一些私事。尤其是連隊的副指導員，對她極端信任，有時把連隊主管之間的一些事情也講給她聽。

她們連隊有幾十個女兵，個別女兵為了考軍校就想盡辦法巴結部隊教官，副指導員對此十分反感。那時司馬相玉還很年輕，聽到這些事覺得新鮮、好奇，所以後來在與一個十分要好的戰友閒談時就把副指導員講的事情說了。沒想到，她的那位朋友為了讓連隊支部推薦上軍校，就把她的話一五一十的告訴了指導員，後來她這位朋友如願以償上了軍校，而司馬相玉則在指導員找她作了一番貌似肯定實則否定的談話以後，離開了文書職位，回到報務分隊做她的老本行了。

當你聽到同事在議論主管時，應以善意的態度勸告他們不要背後議論領導者，不要擴大議論的範圍，更不要以訛傳訛，有意或無意的貶低主管或損害主管的形象；其次應盡量迴避對主管的議論，不得已作評價時也只宜點到為止，不要主動挑起話題，更不要添油加醋，以免引起不必要的猜測和誤解。自己在這個問題上要有主見，要有一種不怕同事嘲弄、不怕孤立的精神。那種以為同事在議論主管時只有跟隨多數參與其中，才能與同事做好關係的認識是大錯特錯的。

防人之心不可無，說話必須看對象。有的人本身就是老闆的「紅人」，他們與老闆不分彼此，你在他面前非議主管，豈不是自尋死路。有的人專門搜集同事對領導者的不滿，然後在老闆面前請功邀賞，以達到個人的目的。對付這種人的辦法唯有裝聾作啞，不讓他抓住小辮子。總之，不論你是有意還是無意，在同事間隨便議論領導者最容易惹是生非，所以還是不隨便議論為上策。

謹言慎行

所謂謹言慎行就是不可隨便說話，更不可隨便傳播主管的閒話，否則主管會認為你辦事沒能力，嘴巴管不住，這樣他會找機會把你開除。你平時說話辦事要注意揣摩主管的用意，做事要讓主管滿意放心。

英國歷史上一位著名的女王——伊莉莎白一世在位期間勵精圖治，使英國從一個四分五裂的弱國一躍成為世界強國。她有一個寵臣，名叫羅伯特。羅伯特長得十分漂亮：棕色的頭髮，烏黑的眼睛，修長的身材，進宮時非常年輕，深得女王的寵愛，在很短的時間內，一躍成為女王面前最吃香的人物之一，女王甚至深深愛上了他。

有一天早上，他來到王宮，那正是女王梳妝打扮的時間，門口的侍女告訴他，女王正在梳妝，不宜晉見。羅伯特恃寵任性，他想什麼時候見到女王就要在什麼時候見到女王。於是，不待通報，不顧侍女的勸阻，任性闖進了女王的居室之中。這時伊莉莎白女王剛從床上起來，幾個被允許參加女王最隱祕的梳妝儀式的宮女，正圍在女王的身邊忙著。羅伯特的突然來到，使女王大吃一驚。

一個遲暮之年的女性，在這種時候是不願讓一個年輕的愛慕者看見她的，羅伯特恰恰闖了進去，他也吃了一驚，他差不多認不出是女王了。此刻的伊莉莎白除了女王的尊嚴以外，幾乎沒有一點動人之處，灰白的頭髮披散在臉兩旁，眼角和額頭上有微笑的皺紋，雙頰沒有胭脂，眼睛的周圍也沒有光彩，平日那種耀人的奕奕神采蕩然無存。她看見羅伯特進來，雖然心中吃驚惱怒，但還是聲色不動的把手伸給他吻，並對他說，稍候一會就會見他。

羅伯特洋洋得意，以為女王對他百依百順，可是他卻是大大失算了。女王非但沒有召見他，相反還下了一道御旨：羅伯特必須待在他的寢室裡，不得踏出半步。羅伯特一下從座上賓變成了被軟禁的囚徒了。

就在羅伯特被軟禁不久，即發生了蘇格蘭「叛亂」事件，伊莉莎白一世費盡心思，才平息下去。之後，她即遷怒於羅伯特，將他判處死刑。西元一六〇一年二月的一天，羅伯特穿著黑色的囚服，從倫敦塔的監牢裡出來，走向斷頭台。

職場人應該明白：說話不可太露骨。直言直語是一個職場人致命的弱點，因為喜歡直言直語的人常常只看到現象或表面，也只考慮到自己的「不吐不快」，而沒有考慮別人的立場、觀念、性格和感受。所以，直言直語不論是對人或對事都會讓人面子盡失，人際關係於是就出現了阻礙，同事們都離你遠遠的，怕一不小心被你的直言直語灼傷。

在公司的一次集會中，張先生看到女主管穿了一件緊身的新裝，與她的胖身材很不相稱，張先生便直言直語道：「說實話，你的這件衣服雖然很漂亮，但穿在你身上就像給水桶包上了豔麗的布，因為你實在太胖了！」

女主管瞪了張先生一眼，生氣的走開了，從此再也沒有理過他。直率的語言猶如一把利劍，在傷害別人的同時，也會刺傷自己。

任何一種意思都可以含蓄隱晦的表達，與主管說話時，言語不可太直，否則會招惹對方不快。因此，委婉的表達自己的意思，就有可能收到所期望達到的效果。

宋朝知益州的張詠，聽說寇準當上了宰相，就對其部下說：「寇準奇才，惜學術不足爾。」這句對寇準的評價是非常正確的，因寇準雖然有治國之才能，但不願學習。

張詠與寇準是相交很深的朋友，他一直想找個機會勸勸寇準多讀些書。因為身為宰相，關係到天下的興衰，理應學問更多些。恰巧時隔不久，寇準因事來到陝西，剛剛卸任的張詠也從成都來到這裡。老友相會，格外高興。臨分手時，寇準問張詠：「何以教準？」

張詠對此早有所考慮，正想趁機勸寇準多讀書。可是又一研究，寇準已是堂堂的宰相，居一人之下，萬人之上，怎麼好直截了當的說他沒學問呢？張詠略微沉吟了一下，慢條斯理的說了一句：「〈霍光傳〉不可不讀。」當時，寇準弄不明白張詠說這話是什麼意思，可是老友不願就此多說一句，說完後就走了。回到相府，寇準趕緊找出《漢書．霍光傳》，他從頭仔細閱讀，當他讀到「光不學無術，謀於大理」時，恍然大悟，自言自語的說：「這大概就是張詠要對我說的話啊！」

當年霍光任大司馬、大將軍要職，地位相當於宋朝的宰相，他輔佐漢朝立有大功，但是居功自傲，不好學習，不明事理。

寇準是北宋著名的政治家，為人剛毅正直，思維敏捷，張詠讚許他為當世「奇才」。所謂「學術不足」，是指寇準不大注重學習，知識面不寬，這就會極大限制寇準才能的發揮，因此，張詠勸寇準多讀書加深學問，既客觀又中肯。然而，說得太直，對於剛剛當上宰相的寇準來說，面子上不好看，而且傳出去還影響其形象。張詠知道寇準是個聰明人，以一句「〈霍光傳〉不可不讀」的贈言讓其自悟，何等婉轉曲折，而「不學無術」這個連常人都難以接受的批評，透過教讀〈霍光傳〉的委婉方式，使當朝宰相也愉快的接受了。

別以為如實相告，別人就會感激涕零。要知道，我們永遠不能率性而為、無所顧忌，話語出口前，考慮一下主管的感受，是一種成熟的為人處世方法。

得罪了主管，要小心挽回

不管誰是誰非，「得罪」主管無論從哪個角度來說都不是件好事。而一個善於改正錯誤的下屬必須本著謙虛學習、提高自己的態度，尊重主管，並注意學習和吸收主管的長處，建立樂於服從的觀念。這是處理好與主管關係的最基本方法。

朱元璋平定天下後，登上皇位，封開國功臣徐達為中山王。朱元璋稱帝後給徐達下了個不成文的規矩：下棋由皇帝召，臣不可擅請，賭棋亦同。但徐達並不遵行，一來手癢耐不住，二來比皇帝棋高一著。第三則是仗著自己是開國元帥勞苦功高，所以沒把那個規矩當回事。皇帝棋癮來了的時候，起初是容著徐達，後來是耐著性子不發，久而久之在與徐達的棋情上由寵向厭邁開了幾步，但始終沒公開發生過心結。有一天，朱元璋和徐達在莫愁湖邊的樓上下棋，連輸了三盤，就把這座樓連同莫愁湖賜給徐達，並讓人在這座樓掛上「勝棋樓」的匾額。徐達對朱元璋感激萬分。事後朱元璋暗想：你不謙虛推辭，竟掛上什麼「勝棋樓」的匾額，這不是存心往我臉上抹黑嗎？常言說，下棋如同行軍作戰。你逼我輸了棋，唯恐天下人不知曉，還掛上一塊匾，這不是明明讓人家想到，如果我跟你真槍實彈兩下對陣的話，少不得也是你的馬前敗將哩！好，這份怨仇一定記下！後來，徐達後背生了一種毒瘡，叫背疽，據說這種病最忌吃鵝，朱元璋卻派人送去熟鵝一隻。徐達明知這是要他自盡，也只好強咽肚裡，但直到臨死，也百思不得其解。他哪裡知道，就是為了那座「勝棋樓」，朱元璋懷恨在心，他才招來殺身之禍。

其實，朱元璋賜給徐達的樓上掛「勝棋樓」只不過是客氣客氣，作為下屬的徐達不能僅存感激之心而默默接受，因為皇帝是至高無上的，他已習慣了任何人任何事都不能超越自己，更何況，下棋如同行軍作戰。徐達沒有看到這一點，遭到殺身之禍，應該說也是必然。以下幾種對策可為你留有轉圜的餘地。

第一，不要寄望於別人的理想。無論何種原因「得罪」主管，下屬們往往會向同事訴說苦衷。如果失誤在於主管，同事對此不好表態，也不願介入你與主管的爭執，又怎能安慰你呢？假如是你自己造成的，他們也不忍心再說你的不是，往你的傷口上撒鹽，更有居心不良的人會到主管那裡添油加醋，加深你與主管之間的裂痕。所以最好的辦法是自己清醒的理清問題的癥結，找出合適的解決方式，使自己與主管的關係重新有一個良好的開始。

第二，找個合適的機會溝通。消除你與主管之間的隔閡是很有必要的。最好自己主動。如果是你錯了，你就要有認錯的誠實態度，找出造成自己與主管分歧的癥結，向主管作解釋，表明自己在以後以此為鑒，希望繼續得到主管的關心。假若是主管的原因，在較為適當的時候，以婉轉的方式，把自己的想法與對方溝通一下，你也可以自己的一時衝動或是方式還欠周到等原因，無傷大雅的請示主管寬宏，這樣既可達到相互溝通的目的，又可以替其提供一個體面的台階下，有益於恢復你與主管之間的良好關係。

第三，利用一些輕鬆的場合表示對他的尊重，即使是開朗的主管也很注重自己的權威，都希望得到下屬的尊重，所以當你與主管衝突後，最好讓不愉快成為過去，你不妨在一些輕鬆的場合，比如會餐、聯誼活動等，向主管問個好，敬下酒，表示你對對方的尊重，主管自己會記在心裡，排除或是淡化對你的敵意，也同時向人們展示他的修養和風度。

學會裝糊塗

懂得保護自己的人才是一個聰明的人。要做一個聰明人，在適當的時候就要學著裝糊塗，有些主管不喜歡看見太精明的人在眼前晃來晃去，尤其是那些當有大錢的老闆，在他們的手下工作，就得學著點，該裝傻的時候就得學裝傻，不管做什麼，只有懂得自我保護的人才能取得成功。

相傳，古時某宰相請一個理髮師理髮。理髮師給宰相修到一半時，也許是過度緊張，不小心把宰相的眉毛給刮掉了。唉呀！不得了了，他暗暗叫苦。頓時驚恐萬分，深知宰相必然會怪罪下來，那可吃不了兜著走呀！理髮師是一個經常在江湖上行走的人，深知人之一般心理：盛讚之下無怒氣消。他情急智生，猛然醒悟！連忙停下剃刀，故意兩眼直愣愣的看著宰相的肚皮，彷彿要把宰相的五臟六腑看個通透似的。

宰相看到他這副模樣，感到莫名其妙。迷惑不解問道：「你不修面，卻光看我的肚皮，這是為什麼呢？」理髮師裝出一副傻乎乎的樣子解釋說：「人們常說，宰相肚裡能撐船，我看大人的肚皮並不大，怎麼能撐船呢？」宰相一聽理髮師這麼說，哈哈大笑：「那是宰相的氣量最大，對一些小事情，都能容忍，從不計較的。」理髮師聽到這話，「撲通」一聲跪在地上，聲淚俱下的說：「小的該死，方才修面時不小心將相爺的眉毛刮掉了！相爺氣量大，請千萬恕罪。」宰相一聽啼笑皆非：眉毛給刮掉了，叫我今後怎麼見人呢？不禁勃然大怒，正要發作，但又冷靜一想：自己剛講過宰相氣量最大，怎能為這小事，給他治罪呢？於是，宰相便豁達溫和的說：「無妨，且去把筆拿來，把眉毛畫上就是了。」

一個聰明的人會運用自己的手段來取得自保，只有保住了自己，才會有以後的發展，如果連自己都保不住了，以後還能成什麼大事，聰明的人應該學會保護自己而不是去反抗，有分寸的應對發生的事才是最重要的。

項羽是個非常飛揚跋扈的人，他幾乎不把秦始皇放在眼裡，但劉邦卻對他感佩由衷，僅從字面理解，前者是一種張揚霸氣，後者則更多的是示弱稱羡，但是最終的結果呢？接下來的楚漢相爭，劉邦卻擊敗項羽，開創了劉漢王朝三百年的基業，而項羽卻被迫自刎烏江，二者誰是真正的英雄？劉邦自身的簡單實力，一開始根本無法對抗力拔山氣蓋世的項羽，甚至曾被迫投歸項羽門下，鴻門宴更是低三下四示弱求存，這才免了被項羽消滅的災禍，得以被封漢王得據蜀地，因此獲得發展的根據地。當他臥薪嘗膽有了和項羽對抗的實力之後，這才明修棧道、暗渡陳倉，開始了與項羽爭奪天下的楚漢征戰。

示弱求存是劉邦最拿手的伎倆，不僅表現在前期對待項羽的時候，甚至在他的政權內部，對他的下屬也有這樣的表現。大將軍韓信用兵如神，漢王朝大半天下是依仗他打下來的，當韓信恃功傲慢邀封齊王的時候，劉邦在張良的提醒下慨然應允，儘管那不是出於他的本意，但是當時的勢力狀況，他也只有這樣的選擇。對韓信的示弱示寵，使劉邦穩定了政權內部，並讓韓信再一次對劉邦的知遇之恩感激涕零，從此一心一意輔佐劉邦戰敗項羽，終於使劉邦開創了漢家王朝。

在我們的生活中，會裝糊塗是一種達觀，一種灑脫，一份人生的成熟，一份人情的練達。懂得了這一點，我們才能挺起剛勁的脊梁，披著溫柔的陽光，達到希望的彼岸。而那些明白而不懂得裝糊塗的人則會遠離成功，與成功擦肩。

有一個小孩，大家都說他傻，因為如果有人同時給他五元和十元的硬幣，他總是選擇五元，而不要十元。有個人不相信，就拿出兩個硬幣，一個十元，一個五元，叫那個小孩任選其中一個，結果那個小孩真的挑了五元的硬幣。那個人覺得非常奇怪，便問那個孩子：「難道你不會分辨硬幣的價值嗎？」孩子小聲說：「如果我選擇了十元，下次你就不會跟我玩這種遊戲了！」

這就是那個小孩的聰明之處。的確，如果他選擇了大額的錢，就沒有人願意繼續跟他玩下去了，而他得到的也只有十元！但他拿小面額的錢，把自己裝成傻子，於是傻子當得越久，他就拿得越多，最終他得到的將是十元的十倍甚至百倍！因此，在職場中，我們不妨向那「傻小孩」看齊——不要十元，而取五元錢！而更多的人卻常有一種不拿白不拿，不吃白不吃的貪婪！殊不知你的貪不僅損害了他人的利益，還會使他人對你的貪反感。或許他人可以容忍你的行為，不在乎你的貪，但如果你懂得適可而止，他會對你有更好的印象與評價，因此願意延續和你的關係。

難得糊塗，有糊塗的好處。太聰明的人，有時使人不敢接近；太精明的人，有時使人覺得害怕；難得糊塗，可以使人看到缺點，放心感增強。裝糊塗，讓令自己處於「不知道」的角色只不過是為了今後處理事情更加方便，但這並不是意味著自己真的不知道，或者不應該知道，不去了解情況，掌握資訊。這才是真正的大智若愚。

人生活在社會上，凡事要有「心機」。紅樓夢裡的王熙鳳做人可謂精明，依仗賈母寵愛和自家背景，上欺下壓，機關算盡太聰明，最後令眾人生厭，鬱鬱而死。可見，做人不能不精明，但也不能精明過頭。宋代宰相韓琦，以品行端莊著稱，遵循著得饒人處且饒人的生活準則，從來不因為有膽量被人稱許過，可是，他處理的事情都得到眾人的好評，結果得到了大家的敬重。

聰明的人會裝糊塗，在明白的情況下依然會做得很好。因為他們深知，在聰明人面前裝糊塗，會避免尷尬。在愚蠢人面前裝糊塗會得到認可。在主管面前裝糊塗會避免打壓，再同事面前裝糊塗可以避免受到排擠，在下級面前裝糊塗可以得到信任和了解下級的想法，唯一一點必須記住：在需要你發揮聰明的時候要像火箭一樣點火上竄。如果一個人真的是很聰明，但也不能把自己的聰明全部都寫在臉上，需要的時候做到揣著聰明裝糊塗才是真正的聰明。也只有這樣的人才能長外地在這個社會上很好的生活下去。只有會裝糊塗，也肯裝糊塗的人，才是真正最精明，最厲害的。

懂得隱藏自己的鋒芒

在職場中，總有一些人喜歡炫耀，把自己的家底悉數掏給主管看。儘管其中不乏有才和財之人，但是他們一旦和人競爭起來，卻往往處於劣勢。這是因為主管已經知曉了他們有幾斤幾兩，可以提前做好應付準備，而主管卻養精蓄銳，鋒芒不露，一旦動起真格，這些人就能像一柄利劍，直刺對手要害。所以，聰明的人往往隱藏自己的鋒芒，讓主管探不出深淺。那些鋒芒畢露的人，會讓主管覺得你華而不實或者故意做作，甚至還擔心淺水養不住你這條大魚。所以，如果你是十分出色的人才，在求職時，大可不必去掩飾個人的一些小毛病，有意無意的賣點「傻」，學會隱藏自己的光芒才是最重要的，這樣才使人覺得親近，更容易讓主管接受，更是讓自己生存下去的重要方法。

三國時期的楊脩，他是一個很有才華的人，可是他卻沒有得到曹操的重用，而用還是一個「短命鬼」，這是為什麼?就是因為他不懂得隱藏自己的鋒芒，在曹操面前太鋒芒畢露了。

一次，曹操帶著楊脩出門，看到一碑背上刻著「黃絹幼婦，外孫齏臼」八個字。當時曹操並不知道是什麼意思，就問楊脩知不知道上面寫得是什麼意思，楊脩說：「知道。」曹操說：「你別說，讓我猜猜看吧。」又走了三十里，曹操說他知道了，並說好兩個人分別把答案寫出來，結果兩人同時寫出「絕、妙、好、辭」四個字。曹操感歎說：「我的才華不如你，想了三十里才悟出答案。」人們都被楊脩的聰明和睿智折服了。但想到楊脩之死，人們又會對他做事的感覺大打折扣。做事聰明的人，並不是說做人就會聰明。

曹操命令手下為他修建一座花園，落成後要親自去察看，手下問他是否滿意，他「不置褒貶，只取筆於門上書一『活』字而去。」人們都不理解他到底是什麼意思，只有楊脩聰明過人，領會到了曹操的意圖：「『門』內添一『活』字，乃『闊』字也。丞相嫌園門闊耳。」於是他的屬下動手把園門縮小了。曹操再次來看非常高興，便問是誰知道他的用意，左右回答說是楊脩。曹操的疑心病很重，對準確領會自己用意的楊脩表示讚賞，可是他內心生忌，所以，楊脩並未得到曹操的重用提拔。

還有另外一次，這件事更讓曹操惱楊脩。一天，有人款待曹操一盒酥，曹操吃了一點，便在上面寫一「合」字讓大家看，人們都不明白到底是什麼意思，輪到楊脩，楊脩便吃了一口，說：「主公讓我們每人吃一口，這沒有什麼可懷疑的。」雖然曹操當時沒怎麼樣，但他對楊脩的戒心日益加重，而且還產生了除掉楊脩的想法。

後來，在一次戰鬥中，曹操被蜀軍圍困於斜谷，進退兩難，便「有感於懷」。以「雞肋」為口令。楊脩知道了曹操的心思，就吩咐隨行軍士收拾行李準備打道回府。將軍夏侯惇見狀大吃一驚，問楊脩為什麼要擅自做主行動？他說：「以今夜號令，便知魏王不日將退兵歸也——雞肋者，食之無味，棄之可惜。今進不能勝，退恐人笑，在此無益，不如早歸……」不料楊脩這次聰明「絕頂」，曹操以擾亂軍心為藉口，把楊脩殺了。

看看楊脩失敗的過程，直接原因在於他不懂得掩飾自己。有聰明頭腦的人凡事喜歡動腦筋，善於表現自己，往往「聰明反被聰明誤」。楊脩就是喜歡在主管面前動腦筋，在別人面前處處顯示自己的聰明，鋒芒太露而不知收斂，才高震主而不懂掩飾，才引火焚身「誤了卿卿性命」的。真正聰明的人，無論是對於自己的優點還是缺點，都不能發揮到「極致」，人們常說盛極則衰，其實也就是這個道理，所以，適當掩飾自己的才華才是最佳選擇。

熟悉《三國演義》的人都清楚的知道，劉備死後，諸葛亮好像沒有大的作為了，不像劉備在世時那樣運籌帷幄，滿腹經綸，鋒芒畢露了。在劉備這樣的明君手下，諸葛亮是不用擔心受猜忌的，並且劉備也離不開他，因此他可以盡力發揮自己的才華，輔助劉備，打下一份江山，三分天下而有其一。劉備死後，阿斗繼位。劉備當著群臣的面說：「如果這小子可以輔助，就好好扶助他；如果他不是當君主的材料，你就自立為君算了。」諸葛亮頓時冒了虛汗，手足無措，哭著跪拜於地說：「臣怎麼能不竭盡全力，盡忠貞之節，一直到死而不鬆懈呢？」說完，叩頭流血。劉備再仁義，也不至於把國家讓給諸葛亮，他說讓諸葛亮為君，怎麼知道沒有殺他的心思呢？

鞠躬盡瘁的諸葛亮一方面謹言慎行，一方面則常年征戰在外，以防授人「挾天子」的把柄。而且他鋒芒大有收斂，故意顯示自己老而無用，以免禍及自身。這是韜晦之計，收斂鋒芒是諸葛亮的大聰明。你不露鋒芒，可能永遠得不到重任；你鋒芒太露卻又易招人陷害。雖容易取得暫時成功，卻為自己掘好了墳墓。所以說，你的光芒才豔也要懂得隱藏，這樣才會得到他人的重用。

王偉應聘到公司任職時，部門經理對他有戒心，因為王偉各方面明顯比他強，部門經理是自學成才的「土八路」，王偉是海外歸來的「洋博士」。王偉剛到公司上班，部門經理就拍拍他的肩膀說「老弟，我隨時準備走人」，眉宇間透露出一絲悲涼。可王偉知道自己的身分，部門經理是主管，他是經理的助理，他們之間是上下級的關係，而且王偉也沒有想「搶班奪權」的歹念。

於是王偉在大智若愚上做點文章，以消除主管對他的戒心，因為如果王偉稍有張揚，他的才氣就會噴湧勃發的，立刻會反襯出主管捉襟見肘的尷尬。在業務會上，王偉對自己的真知灼見、遠見卓識有意打下埋伏，留下思維的空間給經理作總結。平常王偉盡量表現「俗」一點，收起他的鋒芒，經常向經理請示彙報，不擅自做主，特別是一些決策性的工作，王偉都等經理表態。有一次，經理出差不在家，有一筆生意其實王偉看得很準，肯定能賺大錢的，他還是向遠在千里之外的經理請示，說自己沒有把握，請經理定奪，把「功勞」讓給經理。經過一段時間的相處，經理對王偉消除了戒心，他把好多重大的決策權都主動下放給王偉，使王偉能縱橫馳騁的發揮自己的才華，沒有後顧之憂。

我們應清楚，儘管隱藏鋒芒很痛苦，主管提拔你可能要費點力，可消滅你卻是舉手之勞，因此要懂得先保護自己，收斂銳氣，待時機成熟再鋒芒畢露，一鳴驚人，減少中途夭折的危險。

王大志在美國取得人力資源管理「海歸」學位，應聘到一家技術學院擔任講師。這家學院除招收高中畢業生外，也針對社會大眾開班授課，算是學校另一筆財源。

這項招生業務由學院的董事長主管，下設總經理，負責召集學校內比較有業務行銷經驗的教職員參與招生工作。王大志因赴美留學之前做過行銷工作，在業界頗有名聲，所以便被任命為副總經理，實際負責招生業務。

業務開展之初，董事長為鼓舞士氣，口頭宣布了一項獎勵辦法，表示如達到業績目標，將提出營業額百分之五作為全體獎金。另外，他還私下答應發給王大志一筆紅利。結果，在以王大志為首的團隊努力下，第一年便創下驚人業績，業績高達百分之一百二十。董事長非常高興，按約定發下百分之五的全體獎金。但是原答應王大志的額外紅利卻嚴重縮水，給不到三分之一。對於董事長的言而無信，王大志心中有氣，但也明白這是大多數主管的作風，多說無益。因此，表面上未露出不悅之色。

董事長卻裝作對此毫不在意，而且還經常到王大志辦公室走動，誇讚王大志出手不凡，獨當一面不成問題。有次，董事長告訴王大志，說他覺得總經理老何能力不強，如果王大志有意接任，他可以找個理由把老何給撤了。王大志心想：董事長答應給紅利的事都縮水了，現在又示意我可以接總經理的位置，這其中必有文章，恐怕是在試探我有無野心吧？再者，縱使董事長真心要他來做總經理，自己羽翼未豐，難保其他同事不眼紅，也難保哪天不被拉下馬來。畢竟，有老何在，就多了一個避雷針；自己雖居老二，只要二人相安無事，還不是跟做老大一樣。

心念一轉，王大志除感謝董事長對他的厚愛外，特別強調現任總經理頗有人望，具備統合、協調能力，是現有團隊最理想的領袖人物。而自己尚待學習之事仍多，肯定不能勝任，還是讓他先把分內事做好再說吧。董事長聽罷，大為讚揚王大志的謙虛，囑咐好好做，將來一定不虧待他。有關總經理換人一事，也就不再提了。

在這個案例中，王大志一戰成名，董事長先是剋扣紅利，繼又誘之以總經理一職。這裡面有董事長的小氣習性，也有董事長的試探之心。王大志對董事長的小氣能隱忍不發，對董事長的試探能有所洞察，進而做出聰明的舉措，實在難能可貴。不追索應得的紅利，表示他不居功；不得意忘形覬覦總經理的位置，更是一種明智。透過這兩關，董事長自然對他有了很好的評價。

一言不慎便會禍從口出

與主管相處是非常有學問的，在你表現卓越的同時切忌無視主管的存在。在工作中要踏實肯做，不要做辦公室的小人，以最佳的方式獲得在職場中的好人緣。

蔑視主管的人必遭人忌。我們常見有一些人，稍有成就便得意忘形，以為自己絕頂聰明，別人算不得什麼，這可是聰明太顯，殊不知樹敵太多，事事必受阻撓。

老子曾經說過：「良賈深藏若虛，君子盛德容貌若愚。」即善於做生意的人，總是隱藏其寶貨，不叫人輕易看見；君子之人，品德高尚，容貌卻顯得愚笨拙劣。因此告誡世人，做人不可鋒芒畢露。在工作中更是如此，俗話說：「伴君如伴虎。」即使平時再得寵，一言不慎便會禍從口出。

乾隆年間，紀曉嵐以過人的才智名揚，深得皇上賞識。有一天，乾隆宴請大臣。大臣們吃得很開心，飲得也很暢快。乾隆又詩興大發了，他出了上聯：「玉帝行兵，風刀雨箭雲旗雷鼓天為陣。」

乾隆皇帝要求百官對下聯，竟然沒人能對得上。乾隆皇帝這下更來興致了，他想顯示他本人的才華，便點名要紀曉嵐答對，想出一下這位大才子的醜。不料，紀曉嵐卻把下聯對上來了：「龍王設宴，日燈月燭山餚海酒地當盤。」話音剛落，群臣讚歎。

乾隆皇帝聽後，卻不高興了。他面有怒色，半日沉吟不語。大家頗為納悶。紀曉嵐當然明白是自己得罪了皇上，便接著說：「聖上為天子，所以風、雨、雲、雷都歸您調遣，威震天下；小臣酒囊飯袋，所以希望連日、月、山、海都能在酒席之中。可見，聖上是好大神威，而小臣我只不過是好大肚皮而已。」乾隆一聽，立即笑顏逐開，連忙表揚紀曉嵐，說：「飯量雖好，但若無胸藏萬卷之書，又哪有這麼大的肚皮。」

乾隆出的上聯顯示了一代帝王的豪邁氣概，不料紀曉嵐下聯一出，十分工整，顯不出乾隆上聯的才氣。乾隆一聽，自然不快。幸好，紀曉嵐及時發現並為自己開脫，有意抬高乾隆，貶低自己。自然，君臣一唱一和，大家都高興。

一個人的成長和進步是離不開主管的栽培和提攜的。要想獲得主管的欣賞，與之相處之時首要一點就是維護他的權威，懂得他內心深處的需求。只有體察到他的行事意圖，才能夠成為主管工作中的得力助手，不會因不慎的言辭使自己的事業橫生枝節。

懂得如何與主管相處、明哲保身，是充滿著智慧的結晶。與之相處，一定要在各方面維護主管的權威，不要恃才傲物，成為主管「眼中釘」。工作中所取得的成績，會給你帶來一定的榮耀，在榮耀到來時，你一定要把這份榮譽歸功於主管，把鮮花讓給主管戴，把眾人的目光引到主管身上。否則，獨享榮耀的後果，會嚴重影響你在公司的人際關係。

彭明輝很有才氣，編輯的雜誌很有一套自己的獨特的風格，因此很受歡迎，有一次還得到創新獎。一開始他還很高興，但過了一段時間，他卻失去了笑容。他告訴一位朋友說，他的主管最近常給自己臉色看。

這位朋友問清楚他的情況後，指出了他犯的錯誤，原因是這樣的：彭明輝得了創新獎，受到了主管的好評，因此除了新聞部門頒發的獎金之外，另外給了他一個紅包，並且當眾表揚他的工作成績，並且誇他是當主編的材料。但是他並沒有現場感謝主管和同事們的協助，更沒有把獎金拿出一部分請客，他的主管劉主編從此處處為難他，原來，彭明輝的鋒芒已經蓋過了他的主管，讓他產生了戒備的心理。

其實就事論事，這份雜誌之所以能得獎，彭明輝貢獻最大，但是當有「好處」時，別人並不會認為誰才是唯一的功臣，總是認為自己「沒有功勞也有苦勞」，所以彭明輝的鋒芒，當然就引起別人的不舒服了，尤其是他的主管，更因此而產生不安全感，害怕失去權力，為了鞏固自己的主管地位，彭明輝自然就沒有好日子過了。遺憾的是，彭明輝不相信朋友的分析，結果三個月後就因為待不下去而辭職了。

如果你蔑視主管，可能永遠得不到重任；可是，巴結主管又易招人陷害。自高自大的人雖然取得了暫時成功，卻為自己掘好了墳墓；雖然施展了自己的才華，卻也埋下了危機的種子。所以，當你在工作上有特別表現而受到肯定時，千萬記住不要無視主管的存在，否則這份自傲會為你帶來職場的危機。

懂得說話的藝術

每一個職場人都應該明白：真正成為主管靠得住、信得過、離不開的得力助手，就必須把握辦公室工作的特點，找對自己的位置。和主管相處最重要的一條：不要代替主管做決定，而是在主管的同意下針對其工作習慣和時間對各種事務進行酌情處理。

而懂得說話的藝術就顯得極其重要。說話誰都會，但把話說得動聽，透過說話給別人留下良好印象，卻未必是每個人的專長。在和主管相處的過程中，更要懂得如何去說話。主管在公司裡是最高的決策者，掌握著生殺予奪的大權，如何正確把握和主管說話的分寸，相信是困擾職場人的共同疑惑。最重要的一點就是不要代替主管做決定。

王余娜年輕幹練、活潑開朗，進入企業不到兩年，就成為主力幹將，是部門裡最有希望晉升的員工。一天，公司經理把王余娜叫了過去：「小王，你進入公司時間不算長，但看起來經驗豐富，能力又強，公司開展一個新專案，就交給你負責吧！」

受到主管的重用，王余娜歡欣鼓舞。恰好這天要去某周邊城市談判，王余娜考慮到一行好幾個人，坐公車不方便，人也受累，會影響談判效果；計程車一輛坐不下，兩輛費用又太高；還是包一輛車好，經濟又實惠。

主意定了，王余娜卻沒有直接去辦理。幾年的職場生涯讓她懂得，遇事向上級彙報是絕對必要的。於是，王余娜來到經理辦公室。「主管，您看，我們今天要出去，這是我做的工作計畫。」王余娜把幾種方案的利弊分析了一番，接著說：「我決定包一輛車去！」彙報完畢，王余娜滿心歡喜的等著讚賞。

但是卻看到經理板著臉生硬說：「是嗎？可是我認為這個方案不太好，你們還是買票坐長途車去吧！」王余娜愣住了，她萬萬沒想到，一個如此合情合理的建議竟然被駁回了。王余娜大惑不解：「沒道理呀，傻瓜都能看出來我的方案是最佳的。」

其實，王余娜的問題就出在自作主張「我決定包一輛車」這句話上。凡事多向上級彙報的意識是很可貴的，但她錯就錯在措辭不當。在上級面前，說「我決定如何如何」是最犯忌諱的。如果王余娜能這樣說：經理，現在我們有三個選擇，各有利弊。我個人認為包車比較可行，但我做不了主，您經驗豐富，您幫我做個決定行嗎？主管若聽到這樣的話，絕對會做個順水人情，答應你的請求，這樣才會兩全其美。

主管才是公司的最高決策者，無論事情的大小都有必要聽取他的建議。但這些事情並不是一些零星的小事，而是有建設性的問題，這樣才是對主管的尊重。員工的工作歸根結底是為公司的利益，也完全圍繞著企業的管理者展開，因此需要了解主管的工作風格、工作方式、工作重心及緊急程度，了解主管的人際網路，理解他的工作壓力。和主管保持良好的溝通，就要對主管的地位及能力永遠表示敬意。

對待不同性格的主管，都要保持耐心與寬容，把你的決定以最佳的方式滲透給他，從主動的提議變成被動的接受。忌急躁粗暴，多傾聽和徵詢主管的意見和建議，少做一些不容辯駁的決定和爭論，即使你可能是對的。即使對待能力不強的上級，同樣要保持尊重，不擅自行動和做決定。這些如果你都做不到，就有可能遭受主管的冷落。因此，凡是要量力而行，不可擅做主張。

絕不過度謹慎

無論做任何事情，謙虛與謹慎總是人們獲得成功的重要因素，在職場中更不能例外。在工作中，先三思而後行，不該說的話堅決不說，不該辨的事堅決不辨，言談舉止恰到好處，讓主管感到有理、有禮、有節，肯定會有利於幫你做好與主管的關係。但是要明白謹慎並不等於拘謹。日常工作中，謹慎也要有個度，有不少人過度謹慎，從而走向了另一個極端——拘謹，遇到任何事都謹小慎微，前怕狼後怕虎，說話婆婆媽媽，辦事唯唯諾諾。在辦公室裡，拘謹者在主管面前往往靦腆猥瑣，神態不自然，手足無措，不敢落座，不敢抬頭，不敢大聲說話或說話含糊不清，有時甚至所答非所問。心理上總是怯於與主管交往，因此總是缺少升遷加薪的機會，經常被遺忘在不為人注意的角落，甚至會讓人覺得拒人於千里之外。這就是拘謹的表現。

作為一個下屬，在主管面前說話是應該謹慎一些，但是，謹慎過度反而就不好了。當主管賞識你的才幹，想提拔你的時候，如果你一再說：「我不行，我不行」，主管對你就會有看法。他或許認為你真的不行，或許認為你怕擔責任，或許會認為你不給他面子，不管是哪種看法，對你都不利。

張北國就是一個謹慎過度的人。他簡直是個樹葉落下來也怕砸腦袋的人。平時不愛說話，只知道踏踏實實，埋頭工作。一年內為研究所做出兩項科研成果。為此，研究所所長非常欣賞他，有意提拔他為副所長。可是，每一次所長把自己的意思說給張北國時，張北國總是謙虛說：「我不行，我真的不行，您別為難我了。」這樣經過三次後，所長再也不找張北國談話了，把另一個在能力上不如張北國的研究員提拔為副所長。其實，張北國並不是不想當副所長，人都有渴望名利的欲望。而且提升為副所長後在分房及福利待遇上都會有很大好處。可是，由於他拘謹過度了，機會與他失之交臂。

要想擺脫拘謹，就要跟上時代的步伐。拋棄那些思想上沉重的包袱，要做超脫的一代，成為一個灑脫的人。其次，要在人前鼓起勇氣，敢說敢當敢作敢為。只要多給自己壯膽，多給自己鼓勵，隨時注意調整好自己的情緒，拘謹就會被克服。壯膽不是憑著傻大膽，鼓勵也不是亂鼓一氣，而且要在拓展胸襟，開闊視野的基礎上，有利有力的去做。

在職場上打拼，如果你事事過度的拘謹，你就會失去很多進取的機會，錯過主管賞識你的可能性，漏掉施展才華、發揮才能的機會。職場上處處充滿競爭，過度拘謹就有可能在競爭中失利。所以，在主管面前應該有所適當的表現。總之，只要你有信心、肯努力，就沒有跨不去的障礙，更何況僅僅是克服拘謹的心理。如果你是一個在人前感覺拘謹的人，並認為拘謹的確阻礙了你與主管更好的進行交往，成為了你社交的障礙，那麼試著改變自己與主管交談的方式，你會發現與主管溝通將變得輕而易舉起來。

第七章　學會與各類主管相處

每個人都有直接影響他前程、事業和情緒的主管。你能與主管和睦相處，對你的身心、前途有極大的影響。人們並非為了討好主管而工作，與不同性格的主管相處，必須學會不同的應對招數，才能保證你的工作能正常進行。

與性格各異的主管相處

與脾氣暴躁的主管相處

伊思文憑一口流利的英語，跳槽到一家外商，月薪達到四萬以上。但是，伊思文不久就發現，主管是個脾氣暴躁、粗魯的人，只要自己有一點過失，他便雷霆大發並出言不遜，嚴重刺傷他的自尊心。這讓伊思文十分不能接受，一度想辭職一走了之，但想到才做了不到一個月就這樣走了，未免太對不起自己了，於是咬牙忍耐，盡量把工作做好，讓主管挑不出一點毛病。

像伊思文的這種情況，很多上班族都遇到過。在找工作的時候，誰不希望能有一個不菲的報酬？但是真正找到了那些你嚮往的工作，也常常會因為主管的苛刻要求或是粗暴的作風而打退堂鼓。那麼在遇到了這樣的困難、麻煩之後，應該選擇怎樣的方式來應付呢？

找一個好工作，不僅主管好，薪水也高，這是每個踏進職場人的願望。但這樣的美夢並不是每個人都能實現的。不少人付出很多、犧牲很多，只為換來一份好工作。既然透過了很多努力換來了這樣一份好工作，為何就不能再堅持一下呢？有時候主管也是為了工作，而不是專門針對某一個人。

如果你對待工作盡心盡力、精益求精，從不出現任何錯誤，難道他還能雞蛋裡面挑骨頭不成？所以，你要做的不是去生氣，或者是背後把他罵個痛快來解氣，而是應多想想：我是不是什麼地方又做得不好了？

千人千思想萬，人萬模樣，每個人的性格都是不一樣的，遇到一個脾氣暴躁的主管也不奇怪。如果有一天因為你的過失而遭到出言不遜、大傷自尊心的訓話，無論怎樣，都建議你等主管把話說完後，先承認自己的過失，並告訴他你想出來的補救措施。這樣，他會覺得你不是個朽木不可雕的人，一定會消了心頭之火；其次再鄭重告訴他，剛才他出言不遜很傷你的自尊心。如果主管是個知情達理的人，聽了你的一番話一定會感到內疚，下次一定會注意。

與不會笑的主管相處

一個圓，上面加上兩個點，下面一條兩頭上翹的曲線，就構成了足可傳神的笑臉。在大型超市、酒店，甚至一些大公司，常常可以看到這樣的笑臉卡片，時刻提醒員工：今天，你微笑了嗎？但也許是因為這樣的笑臉卡片很少擺上主管的案頭，於是湧現出一大批人好、業績好，只是笑不好的主管。而主管這看似純屬個人自由的不笑，卻使辦公室從此「暗無天日」。

周百川最討厭看主管那副永遠一成不變的「臭臉」，下屬們的勤奮和努力他好像總也視而不見。每次看到他，周百川都鄙視的說一句：「難道你笑一下就會使你的威嚴盡失嗎？」當然，這話是在心裡說的。不過，久而久之，下屬們也有對應之策，那就是一看到他過來，就趕快繞開走或者假裝不經意的轉過臉。

一直以來，周百川對主管的不笑十分不解。看上去他並非悶葫蘆型，對大家也絕不苛刻，獎勵上甚至算是慷慨，基本屬於一個「三好主管」了。可笑容，絕對千金難買。

據下屬們私下裡統計：員工中至少有百分之八十的人在和人力資源部門溝通時都提到了這一點，最慘的是人力資源部的總監，她對此也無計可施。

不過，也有不信邪的，周百川的同事小張就打算和主管較量一把，他的理論是：「他越是這樣，我就是越要做得好給他看看。我的工作這麼出色，他憑什麼不對我笑一下？」

小張的較量最後也沒什麼結果，雖然工作出色，頻繁的拿紅包，但也沒見主管對他笑幾次。在周百川看來已修練到頂級的同事，對主管的臉色陰晴與否已經做到可以完全視而不見了。

但是無論做何反應，周百川都明白：大家在內心裡非常希望主管能跟自己談一次話，哪怕是拍拍肩膀，也是一種鼓勵。不過至少暫時看來，這還是幻想，今年的年終會議主管都沒參加，就更別提跟員工溝通了。如果不是他為人不錯，恐怕很多人早就走了。

其實，周百川的主管不是不笑，就在上個月，還發現他正在偷偷的改變自己，比如：時常到大家的辦公室裡晃一圈，笑眯眯的和誰說幾句，大概是因為群眾的呼聲太強烈了吧。但是實話實說，看慣了他那張沒有表情的臉，倒覺得他那皮笑肉不笑的臉更讓人難以直視。而且多數情況下似乎也是沒話找話說，有時一回頭，突然看他站在後面還忍不住脊背升上幾股寒氣。他自己肯定也是覺得效果不好，或者也是堅持不下去，這種狀況只維持了不到兩週就恢復正常了。

主管其實能力特強，公司裡每個人都承認。在他的打理下，至少在同行業，這個公司屬於優秀類，口碑不錯。雖然待遇並不很高，工作壓力也大，但能來鍛鍊一下還是非常不錯。剛來時，每天早晨上班心裡那個美。但沒過多久，周百川就發現辦公室的上空好像永遠籠罩著一層陰雲。同事們的臉都繃得緊，而且彼此都不知道其他人在忙什麼，甚至一件工作千辛萬苦的做了好幾天，才發現原來別的同事早已經做了。非常讓人納悶的是，有人辭職也從來沒組織過歡送。兔死狐悲，不免使人產生人走茶涼之感。而主管不是不在，就是一個人悶在他的辦公室裡，雖然也常常和大家一起開會，但想從他那裡得到些許溢美之辭，可以肯定的說：沒希望。

再往後，周百川開始每天早晨醒來，總會感覺莫名煩躁了。熟悉他的老員工告訴我，他是個外冷內熱的人。

但問題在於：周百川只看到他外面的冷，可看不到他內心的熱啊。

對付這類主管最好的辦法是：你要沉住氣，不必馬上和他鬧脾氣，這樣會更刺激他。等他情緒平定之後，你再找他解釋。這樣更明智，效果也會更好些。說不定他冷靜以後會主動同你交流的也是一種良好的工作態度。

與脾氣大的主管相處

幾年前一個朋友的愛人在一個養豬場待久了想動一下，王俊毅就推薦到一個朋友的企業。朋友對我的推薦很感激，也表示要重用她，自己整天忙碌也少問他們以後的事情，不想前段她堅持辭職，也聽不進任何勸說。

一天她到王俊毅家來，王俊毅忍不住問她。她猶豫再三，說起來這幾年的工作境遇。

她到企業後，負責品管和化驗，工作條件非常好，自己工作也比較賣命。久了發現，她竟然成了公用祕書，任何主管任何事情都要找她做，做得不理想還少不了斥責。主管似乎也發現她有許多優點，幾乎所有的事情都找她，沒有節假日隨時有電話，勞累在其次，主管的做法讓她從不理解到討厭到無法忍受。主管總找她單獨談話，稱把她當成親妹妹，囑她在公司聽到同事說什麼要及時彙報，尤其是注意幾個中層的言論。主管讓她準備文件，她辛苦完成後，主管總會沉著臉講不完美，具體哪裡並不指出，如此三番兩次才算結束，幾乎每件事情都是如此；找主管簽字，哪怕是日常費用也要找幾次主管才簽字認同。更有甚者，主管曾是不小的主管身邊的人，官銜不高脾氣卻很大，對下屬辱罵是常有的，情緒不好的時候見誰罵誰而且不講場合。而且主管還有一個癖好，從不開會，喜歡和同事談話，同一件事情和不同的人談的是不同的觀點，如果私下有人相互交流了挨罵是家常便飯。主管還喜歡對這個下屬講另外同事的壞話。久了，同事人人自危，相互不敢談工作，不知道自己的話會如何傳到主管那裡，下屬每次見主管都是小心翼翼的，和主管談事情總要想許多的應對方案！

公司牌子不錯，總有大批的「海歸」甚至博士投奔，主管的第一面非常大氣且語言很有煽動性，但大多難超過一年就一一告辭了。她因為是王俊毅介紹的便有很多的顧慮，近期由於想生孩子，實在怕情緒影響孩子胎教，堅持辭職了。王俊毅又接觸了他們的其他同事，才知道此言不虛，稱主管不是做企業，只是培養間諜和小人，王俊毅才對她的辭職表示了理解。

主管朋友不解，還電話於王俊毅，說他把她當成親妹妹她為什麼還要辭職？王俊毅無言。

其實人都有多面性，這個主管朋友給人的印象是非常好的，正如他講的要有面子，但對企業、對同事對下屬卻是另一面。

王俊毅也安撫她，畢業時間不長，和這樣的主管相處能堅持這麼久，以後什麼樣的主管不能相處？換個想法，過去的幾年經歷對以後自己的職場或許是筆財富。

如何和糟糕的主管相處

不知道是不是所有主管都是善變的，還是個別主管是這樣的，但至少是智商高的主管、知識型的主管是較為善變的，至少，我的主管是這樣的。善變的主管經常會讓下屬無所適從，往往會是徒增太多的挫折感覺，業績方面也會受到很大的影響，但我們也不能因為主管是善變的就一定選擇離開，誰知道下一個主管是不是更善變呢？

辭職不是解決問題的最佳方法。所以，你一旦遇到糟糕的主管，還是應該多費的心機，考慮和糟糕的主管如何相處才是更主要的，當然，這個還是建立在主管糟糕的程度還不至於徹底影響工作的進度為基礎，否則，那也只能另謀他途，繼續待在這裡只能是彼此浪費更多的時間和精力。我們根據與主管打交道的經歷，心得體會是這樣的：糟糕的主管容易聽信一面之詞，遇到發現主管有偏見的時候，應該及時向主管反應正確的資訊，盡量把事實的一面全盤托出為上策，因為，即使是糟糕的主管也是講道理的，也還是尊重客觀事實的。所以和主管的及時溝通很重要。糟糕的主管思維很活躍，一方面，對剛布置的工作會馬上就想得到結果，另一方面，很快會徹底推翻原來的工作要求，全面不管工作是否已經開始，是否已經投入。這個方面，主管布置的工作越快了解清楚越好，盡快的比較詳盡的專業的了解工作的具體情況，並盡量的能透過了解的方式提供一些專業的成熟的意見或方案供主管選擇，有的時候主管之所以變來變去，主要還是因為他不是很了解具體的情況，想到了一面就會隨時變化，這就需要我們做下屬的把情況了解清楚並提供專業的選擇方案，這樣的話主管變動的次數就會大大降低。但你在做具體的了解工作前，應該想盡一些辦法讓主管把他要辦的具體的目的、要達到的目標表達清楚，並讓你自己明白你要做什麼和能做什麼，這樣，才能順利的進行了解並提供專業的選擇方案。

學會複述或者回覆的方式。我們知道，糟糕的主管也常常容易顛覆自己原來的說法，會說「我什麼時候這麼說過了，我怎麼會是這種意思」，這種情況下，我們總要保留主管的顏面，總不至於透過錄音或者其他更極端的方式讓主管承認的，如果堅持這麼做的話後果肯定是你再也不用面對他這樣糟糕的主管了，輕鬆到是輕鬆了，但下一步你可能會面對更糟糕的主管，那又怎麼辦呢？但我們也不能太被動吧，總要有點辦法來面對並解決這種問題的，辦法總比困難多嘛！我們可以透過郵件的方式或其他電子方式和主管進一步溝通，透過複述或者回覆的形式，讓主管把原來表達的意思能清楚的固化下來也很重要，當然，如果是面對面的溝通，可以透過口頭的方式再複述一遍，也是很好的方式。總的來說，這種方式可能不能百分之百解決問題，但至少能把大多數問題解決了。

糟糕的主管對下屬的要求是很高的，他也會需要你更專業、更成熟、思維也需要快速應變，因此，對待糟糕主管的第一原則就是誠懇的尊重。主管無論強還是弱，他仍然還是主管，他的手中還掌握著職位給予他的生殺大權，只要他想用，他就能用起來影響你的前途和利益。許多不聰明卻自作聰明的笨蛋往往一看主管不怎麼強，就開始自我膨脹，自覺或不自覺對主管不恭敬起來，對主管多多少少表現出輕視甚至鄙視的傾向，言語態度之間很是惡劣，覺得他根本不配當自己主管，拿主管不當回事，但等過不了多久，他就會明白什麼是主管了。主管一整他，他一般會更加惡劣，最終與主管反應之間形成惡性循環，其結果不是自己受損就是至少兩敗俱傷。

事實是，糟糕的主管更需要得到尊重，只要你從內心深處尊重主管，主管哪怕水準差點，但基本的判斷能力和管理能力也還是有的，當別人都不把他當回事，而你卻正經八百的把他當成一個真正的主管，那麼，對比之下，你的優勢就會馬上顯示出來了，主管做事總歸要用人，要用什麼人，當然是又能做事又對自己尊重的人了，這樣一來，哪怕就是別人能力比你強，事業機會也極有可能會先落在你身上了。這種策略表面一看不怎麼樣，比較笨，但其實是大智若愚，而且做人手段非常正面厚道，效果一般不差。

對待糟糕而且比較缺乏主見的主管的第二原則是要有意識的加強，多請示彙報。請示彙報並不像有些不懂管理的人以為的那樣純粹是形式主義，請示彙報其實在管理上一是必須的，二是作用很關鍵的，原因在於：一，請示彙報的目的是為了讓主管隨時隨地了解掌握我們工作的進度和成果情況，讓主管知道我們的一切工作正在按照他當時決策的意思在正常、甚至優秀的運轉，這可以讓主管更好把握全面；二，請示彙報其實也是一種下級對於上級的尊重和認可的表示，表示我心理完全認可你這個主管，所以我會比較多的來向你請示彙報工作，我也認可你作為主管的才能、能力，所以我請示彙報工作的同時也是在向你請教和尋求建議與幫助，這樣做的好處就是讓主管不但了解自己的工作，而且對自己的動向和人品和行為感覺放心，主管在心理上對你有了安全感，而且又了解了你每天在做什麼工作、你自己是怎麼想的、你最近跟誰在打交道、打交道的具體內容是什麼、你的基本觀點如何等等事實之後，其他人想要在主管面前說你壞話或造謠的話，他想成功的概率也就非常低了，誰會對自己非常了解的一個下屬隨便產生什麼懷疑呢。

主管耳根軟，那更要自己主動多跟主管交流，讓主管隨時隨的盡量了解自己的真實工作情況，那麼別人隨便說動主管改變我們自己這塊工作的機會就會小很多了。

與新晉主管相處

在競爭激烈的職場上，很多人可能都會遇到很尷尬的問題，如何和主管相處成為一門學問，廣被關注。

周芳芳擁有近十年的工作經驗，現在某一家外資諮詢公司工作。不到一年時間，公司進行組織結構調整，原來主管被提升到其他部門做經理，公司又從其他部門調任了一位填補了當前的空缺。新任主管沒有周芳芳資深的工作閱歷，但在公司的時間比周芳芳久。周芳芳該如何和新任主管相處？

周芳芳在這種情況下選擇離開，只會使自己陷入更尷尬的局面。因為當她面臨下一家公司面試被問及離職的原因時，公司也會認為，周芳芳儘管擁有十年的工作經驗，但缺乏職業成熟感，容易受外界的干擾和左右，因為她在公司畢竟不到一年的時間，不穩定的因素也會讓她的企業感到憂慮和擔心。

其次就是不恰當的處理方式，如「與更高一級的主管接觸、溝通，表現自己的才華，爭取新的晉升機會」、「在工作中展現自己的才華，同時拉攏部門內的其他成員，讓自己的威望勝過新任主管，爭取晉升的機會」。因為公司在人事的選擇上，肯定也是經過周密的考慮和安排的。周芳芳雖然在職位和行業上擁有豐富的工作經驗，但她到公司的時間很短，對公司的組織架構還不是很了解，還有很大的空間需要提升。採用這種過於強烈的方式，只會加劇與新任主管的心結。同時，這種越級彙報、抱團的做法也會遭到周圍人的否定，給周芳芳在公司的發展帶來一些負面的影響。

基於上面兩種情況的分析，建議周芳芳面對環境的調整和變化，調整好心態，從正面看待職業的發展。可以透過與原來主管或者新任主管的溝通交流，獲知企業對自己的期望，明確自己的發展方向。在與新任主管的相處上，建議周芳芳從兩方面去建立與上下級的關係：一方面，相信「金子總會發光」的真理。充分利用新任主管上任的磨合期，幫助新任主管了解團隊，建立與團隊的融洽關係，獲取更好的績效。當有更好的晉升機會時，相信新任主管首先也會推薦周芳芳；另一方面，要善於學習和放大新任主管的優點，累計更豐富的經驗以提高自己的工作能力。因為公司任命新任主管，也是希望他能夠給團隊帶來一些新鮮的改變。

黃家倫大學畢業後，分配到我們公司做總經理祕書，這可是個苦差事——總經理脾氣不好，前任祕書換過好幾次。難得黃家倫有耐性，一做就是四年。四年之後，總經理調任，臨走前，感念黃家倫的「不易」，提拔她當了總經理辦公室主任。主任下面管著兩個人：一男一女，年紀都比黃家倫大許多。

辦公室工作很繁瑣，還要應付各種各樣的會議、接待，黃家倫不得不把大部分案頭工作交給那兩人。總覺得自己資歷還淺，要差遣別人，很難開口，黃家倫派起工作來，自然分外客氣：「請」、「如果你來得及」、「要是不麻煩」……起初，一男一女還能及時完成任務，但沒多久，種種藉口接踵而來。先是女的還沒打完一份第二天要用的資料，便提早下班了，等黃家倫從總公司開完會回來，已過了下班時間，男的自然也不見蹤影，黃家倫只好加班，第二天詢問，女的一句「孩子發燒」，塞住了黃家倫的嘴巴。沒過多久，男的提出，自己有眼疾，不宜長時間用眼，所以以後不再負責報表，還從口袋裡拎出一張醫生證明。黃家倫轉向女的，一句「要麼辛苦你」還沒來得及出口，女的連連擺手：「我沒學過，弄錯了，你面子上也不好看。」只好自己攬下。

這種狀況的發生頻率越來越高，他們辦公室常常出現黃家倫埋頭苦幹，兩個下屬一人手捧茶杯，一人拿著報紙的畫面。黃家倫也知道，這樣下去不是辦法，但每次想發火，總又擔心面子上不好看。而那兩個下屬，得了便宜還賣乖，向上級主管告狀：黃家倫不知道玩什麼花樣，很多事不讓他們經手。還向同事訴苦：她是個工作狂，我們想幫也幫不上。

黃家倫的臉色自然越來越差——比當總經理祕書那會，更見消瘦。

從上面的案例可以看出，我們要像對待老主管一樣自然但恭敬對待新來的這一主管；要多留點心，學會察言觀色，在工作接觸中仔細觀察新主管的需求，尤其是在發現新主管對於與自己彙報的工作或某人某事表現出明顯或隱藏的疑惑時，主動就新主管關心的人和事多做一些客觀公正但不露聲色的介紹，目的在於主動幫助新主管盡快了解公司情況，滿足新主管來公司時間不長但希望快速熟悉公司人事的願望；但切勿過度熱情，以免讓人產生巴結新主管的錯覺，更不能亂說，擾亂新主管個人視聽；亂說的後果是嚴重的，因為新主管遲早會了解到所有事情真相，如果你一開始說的就是非常客觀公正的，那麼你將給新主管留下非常深刻的好印象，如果你是亂說的，從此之後你就在新主管心目中留下了不良記錄；在對於新主管還不是很了解的情況下，不要急於對新主管的人格、個性、能力做出一個評價，事實上很多主管在問你意見的時候並不是要真的聽你的，而是想透過你的回答了解你的態度、立場和個性，想了解你對某事或某人的真實看法。

大學畢業後，蔡佩珠一直從事自己喜歡的工作。前任主管是個開朗直率的老人，對年輕人十分信任，工作上及時給予指點和讚揚，發現問題開口直說，甚至還會發怒吼人，幾年來他們已習慣了這種家長式的主管方法，喜歡上了這位「老頭」，工作還算順心如意。

去年老主管退休，從外公司調來一位主管，一年來他都是板著個臉，工作好壞他從來不做任何評價，幾乎沒看到他笑過或發怒一次。看人的目光也是怪怪的，人們經常有被審查的感覺，心裡不爽，工作也沒力。

對著這樣的主管，蔡佩珠幾次動了調走的念頭，可如今找專業對口，薪資福利待遇都不錯的公司談何容易？丈夫怕折騰要蔡佩珠忍下去，可他是個認真的人，這度日如年的日子將如何打發？

先調整自己去適應新的主管方式，在一如既往做好本職工作基礎上，與主管坦誠對話，不要等著他來發現你這塊「閃光的金子」，可以主動徵求他對你以及你們部門的意見和指導，提出自己的合理化建議和想法，同時注意說話的方式和場合。只要心中坦蕩，就不要怕別人說你阿諛逢迎或世故，相信你們定會有一個良好的開端。

與女主管和睦相處

身在職場，也如置身江湖，想要不受傷，非要潛心修練幾年不可。而在辦公室這個小宇宙之中，男下屬和女主管的心結因性別差異和社會結構的原因歷來就極為敏感。身為七尺男兒，如果「不幸」遭遇女主管，又有哪些「破敵」之道呢？

董永軍和新來的女主管一直覺得溝通不是很順暢。最近一件事讓董永軍覺得和前兩任經理比起來，新主管工作安排得有問題：一件本來是需要至少兩人完成的小工程，新主管派給董永軍下面一個小職員做。董永軍恐怕他一個人應付不下來，會耽誤第二天的工作和公司形象，問她是否需要再叫人或者他來幫忙一起完成。但是新主管執意要小職員一個人來做。

這個女主管比較霸道，一方面她覺得直接給那年輕人安排工作比較有成就感，另一方面她可能想有意削弱董永軍的實力。建議董永軍找個非工作場合和她溝通一下，這個時候在辦公室談她肯定會打官腔。

對新來的女主管需要主動「討好」她，因為從女主管的角度講也需要管理短平快，發現下面能力好的可以直接提拔上來。董永軍要主動配合，不要和她正面交鋒，要先肯定她，避免她將其當作對立面看待，之後再找機會說出自己的想法和公司現實情況。如果發現溝通無效，要仔細考慮自己的處境，懂得「良禽擇木而棲」的道理，如果實在沒有解決的辦法就不要戀戰，無謂耗費精力。

林承恩最近發現女主管總是壓制他，儘管林承恩提了很多合理化建議，最終都被女主管否決了，而且說是總經理決定的。女主管在工作中並沒有真的決策什麼，只是充當傳聲筒，在中間不給意見也不給方向。林承恩很不滿女主管的做法，時間長了就有了負面情緒，做事也事倍功半。

不管是不是總經理的意見，現在林承恩可以換個姿態請教一下女主管，告訴她自己現在比較煩悶，才思枯竭了，也不知道哪裡出了問題，請她給些建議，指點一下。有可能女主管否決了林承恩的提議並不是老闆的意見，只是女主管需要他的尊重。她可能覺得林承恩太傲氣了，要殺殺他的銳氣，如果他放下自己的架子和傲氣，她也會反過來接受林承恩。

論做銷售，王經理確實是把好手，對她的能力，下屬們都非常敬重。但主管的脾氣實在有點古怪——時陰時雨，時好時壞，你今天的運氣如何，全憑她當日是否順心而定。下屬們私底下議論，她還沒到年齡，怎麼就罹患了「更年期症候群」？

她要求下屬對她絕對忠心，見不得下屬們和其他部門有什麼「勾勾搭搭」。公司曾搬過一次家，搬家公司來之前，要求下屬們先把自己的東西打包整理好。銷售小組女孩子多，搬不動大箱子，於是有人請銷售部另一個組的男同事幫忙捆紮。整理完之後，他們出去吃午餐，回來後竟發現，凡是請其他部門同事幫忙捆紮的那些箱子，原先綁好的包紮帶，都被剪斷了。事後回憶，當天只有主管曾單獨待在辦公室。

類似事件，隔三差五經常發生。下屬們受點氣，也就算了，畢竟她也教了他們不少東西，但怕就怕在，她對其他部門的同事也會來這麼一手。為這，下屬們沒少受牽連。那一次，因為銷售業績不佳，主管得罪了會計部的「姑奶奶」——下班時，大家在電梯口等候，會計部的小女孩剛剛培訓回來，打扮一新，在眾人包圍中，炫耀著這件是法國名牌，那件是百分之百英國進口的，主管冷冷一哼：「可惜人還是國產的。」小女孩臉色大變。自此以後，小組的報帳費用總是遲遲發不到手中。

最過分的是去年那件事。公司做促銷活動，她負責製作一批廣告單。第一批拿來一看，顏色沒有套準，全部報廢。大家都沒說什麼，畢竟她也是第一次做這種事。報廢的那批廣告單，扔在垃圾間，被前台接待小姐看到了，揀了回來，中午吃飯時，墊在便當下面。主管大光其火，找了個莫名其妙的理由，就炒了接待小姐的魷魚。

不是沒有人告到主管那裡，主管勸說：「一個女人家，坐到這個位置，壓力已經夠重了。再說，有才的人難免有點小脾氣……」

這位女主管把員工當作自己的籌碼，利用大家來達到自己的目的。員工的投訴是正確和必要的。明智的老闆會採納員工的意見，將事情的真相調查清楚的。

女主管的第一身分是「主管」，你盡可按照顧理學教科書關於領導者的定義去給她歸類，也盡可以遵守或抗拒她的指令，還可以褒貶她的業績。但她畢竟又是「女」主管，你總不能和對待男主管一樣，和她拍桌子瞪眼；也不能經常推杯把盞，稱兄道弟。想獲得女主管的賞識，不但要有業務能力，更要有極高的情商。要學會適當退讓，不要針鋒相對，避免正面衝突。在工作中，再不喜歡你的女主管，也要試著把她當朋友對待。

那時，孫飛還在一家網站工作。

田小英到公司的第一天，同事們都懷著崇敬的心情迎接她——聽說她經歷非凡，畢業於知名大學，闖蕩各國，長長的一份工作履歷上，沒有一個公司不在世界五百強之列。不負眾望，田小英果然氣度非凡，上到CEO，下到技術部的小職員，沒有一個不對她服服貼貼，敬仰有加。而她的工作更是出色，來了才一個月，便對網站進行大刀闊斧的改版，並企劃了一個大型活動。那時，網站正處於低谷，看著田小英指揮一班人如行雲流水，大家都以為，公司一定會有起色。

孫飛和田小英不在一個部門，所以和她的活動也沒什麼瓜葛，但因為田小英那個團隊裡的骨幹，大多是從孫飛這裡過去的，所以他們也經常會來找我聊聊。大概正是看到了這一點，那天田小英找到孫飛，和他作了一番掏心掏肺的長談，大意是希望孫飛能和她並肩作戰。孫飛還真以為是英雄相惜呢，那晚，他和她徹夜長談，幫她分析公司現狀，並以一個老員工的身分，告訴她各人的特長和優缺點。田小英對孫飛的指點特別感激，後來還送了件小禮物作為答謝。

那次的活動果然特別成功，網站名聲大噪。恰巧，田小英又一次籌到了風險資金，據說，田小英成功組織的這次活動功不可沒。田小英自然加薪升遷，坐上公司第三把交椅，成了孫飛的頂頭主管。田小英倒也不擺主管架子，和孫飛見面還是一口一句「親愛的」，但從我們部門過去的骨幹，對我卻越來越冷漠。半年以後，公司開始大規模裁員，我跳出了這家公司。

跳槽之後的一個週末，偶然在一家茶坊遇見網站的一個同事——她也跳了出來。話題自然離不開以前的人和事。同事無意中說到，田小英現在很得勢，孫飛隨口評論：「田小英人還不錯……」同事跌破眼鏡：「看來你是真不知道啊！她到處說你對公司如何不滿，對哪些人有意見……」天哪！字字句句，和孫飛那天晚上的分析分毫不差！

與男主管相比，許多女主管更加在意的是你是否尊重她。你可以透過平時的一些細節讓她知道你認同她、尊重她，比如公司聚會時主動敬酒表示尊敬，遇到生活上的困惑也可以向她求教，請她幫忙出主意，以表示你對她的信任。

女主管可能更注意的是你的工作細節與態度。如果公司裡新來了女主管，最好盡快掌握女主管的生活規律，每天上班比女主管早到半小時，創造和她溝通的機會，下班可以晚走半小時，走時問問主管還有沒有事情要你做，給主管留個好印象。

與挑剔主管相處

在企業裡，每個下屬都討厭喋喋不休的主管，下屬都喜歡表面看來平易近人的主管。但有的下屬喜歡專制點的主管，也有的下屬討厭大而化之的主管。為什麼會這樣？這是因為主管的性格千差萬別才有如此的。本來是一個好強的主管若採取低姿態對待下屬，不免令人懷疑，投以不相信的目光，原先看來羞澀的傢伙，若拼命以高姿態示人，下屬會以為主管在虛張聲勢，反而會被下屬輕視。

不論主管如何盡力隱藏自己的性格，在言行舉止間總會流露出來，說不定什麼時候露出了尾巴，主管與其隱藏性格使下屬不相信你，不如自然而然對人較好。下屬也就希望依主管性格來配合行動，他們都關心主管的性格。因為碰到愛挑剔的主管是最令下屬最難受的事了，由於他的存在，下屬常常會處於茫然不知所措的狀態之中，因為他老是打擊你的情緒。比如：你的的確確是完全按照他的吩咐去處理一件事的，一旦出現錯誤，他又指責你辦事不妥。公函內容和打字格式是他告訴你的，等你拿給他簽字時他又說這封信應該重打。你從事的是專業性很強的工作，可對你專業一知半解的主管偏偏對你的能力「不放心」……如此這般的例子還能舉出很多。在挑剔的主管手下工作覺得自己渾身上下的寒毛都是豎著長的，左右都不是，怎麼做都讓他看不慣。

不僅由於麥克高學歷，還因為他非常敬業、反應又快，所以在電視台裡除了白天採訪財經線，晚上還播報七點半黃金檔新聞。按說事業應該事業蒸蒸日上，卻因為他的主管——新聞部主管是個最挑剔的人，弄得他一次次出現難堪的局面。

新聞部主管在部門會議上突然宣布：不准麥克播黃金檔，改播深夜十一點的直播新聞。所有的人都愣住了，麥克知道自己被貶了，但是極力保持鎮定，甚至做出欣然接受的樣子。

從此，麥克開始播報夜間的新聞工作。他把每一篇新聞稿都詳細閱讀，充分消化，絲毫沒有因為夜間新聞不重要，而有任何鬆懈。

夜間新聞的收視率越來越高了，終於驚動了總經理。總經理不高興的把厚厚的觀眾來信攤在新聞部主管的面前：「麥克為什麼只播十一點，卻不播七點半？」於是，麥克被新聞部主管「請」回了黃金時段，並在不久後獲選為最受歡迎的電視記者。

挑剔的新聞部主管又想出了修理麥克的辦法，他故意當眾宣布：「雖然麥克是學財經的，但是由他採訪財經新聞容易產生弊端，以後讓他改跑其他戰線。」

對於麥克來說這簡直是當面的侮辱。他怒火中燒，但明白只要自己爆發，就落入了敵人的圈套，他默默承受了。

一般來說，挑剔的主管大多心胸狹窄，沒有接受下屬建議的雅量，非但不能運用下屬的能力，也不能使下屬士氣高昂。不管怎麼說，只要你一碰到愛挑剔的主管，對你而言就是不利的。那麼，該怎麼辦呢？以下幾點方法不妨一試：弄清主管的用意。當主管交給你一項任務之時，你應該問清楚他的要求、工作性質、最後完成的期限等等，避免彼此發生誤解，應盡量符合他的要求。

主管的個非常挑剔的傢伙，但他對單大偉卻不像對其他人那樣百般挑剔。原因就在於每當主管給單大偉交代任務時，就拖住主管不放，問題問個不停，一直到把什麼事情都問個清清楚楚才甘休。結果主管當然沒什麼可挑剔的了。

假如挑剔的主管處處刁難你，可能是擔心你他的位置有所企圖。這時，你應該設法獲取主管的信任。盡自己最大的努力使他安心，讓他明白你是一個忠心的下屬，你可以主動提出定時向他報告的建議讓主管完全了解你的工作情況。一旦獲得他的信任後，他便不會對你過分的要求完美的工作效果。

另外一個方法是，嘗試與你的主管相處，針對事情而不是針對個人。例如：主管無理挑剔你的時候，你應該據理力爭，抱著「一是一二是二，是我的錯我承擔，是你的錯你承擔」的態度，論理而不是吵架，讓他感覺到你的思想和人格。一個言行一致、處事有原則的人別人自然不會小看，就算主管也不例外。

再就是敞開你寬大的胸懷，不要太計較主管的挑剔，能過去就過去。應該把自己的工作放在最重要的位置。你要明白的是：遇到什麼樣的主管是可遇而不可求的，如果眼前的這份工作能滿足你的要求，比如豐厚的薪水、優雅的工作環境等，那麼你就不要放棄這份工作。如果你非常愛自己的工作，想在這裡做一番業績，那就盡量不要放棄目前的工作，不要把主管的人品與鍾愛的事業同日而語。

如何與主管相處

不管是有著幾千人馬的大型企業還是只有十幾人的小型私人小作坊，主管們大多經歷過艱苦的創業階段，經歷過含辛茹苦的歲月的磨礪，凡事親力親為，他們憑著自己的膽略、智慧、能力或者機遇，讓自己的企業慢慢走向成功，因此，無論他們是否經常提起那段經歷，都始終銘刻在內心深處，並以此形成了他們的思想基礎和行為特點：敏銳、無畏、自信；固執、多疑、多變、反覆無常……不同的修養、不同的經歷又造成不同的思維方式和行為方式，在對待下屬的態度上，常常表現出以下的情形：

一是主管根據個人心情好壞而翻手為雲覆手為雨。心情好時海闊天空亂談一氣，大到國際風雲、企業前途，小到休閒娛樂，甚至信口開河的承諾、許願，過後又若無其事。

二是如狐狸般多疑。大庭廣眾下不斷鼓勵你放開手腳，大膽管理，暗地裡對你的每一個計畫、每一個決定、每一個方案都要監視，或者千方百計挑出諸多毛病，讓你做也難、不做也難。

三是朝令夕改漂移不定，並極度熱衷於新事物、新概念。看到或聽到新的東西，總會表示出極大的興趣，並急於接受它或實施它，而當你經過精心的準備，把完整的、系統的東西全盤放在他面前的時候，他的興趣已經轉移。

四是自以為是目空一切：我是主管我怕誰？！我就是錯了也永遠是對的。隨心所欲、肆意妄為，如果你以為按照主管的旨意去做就永遠是對的，那就已經大錯特錯了，因為任何事情都在變化著，一句翻臉不認帳：我叫你這麼做了嗎？你必須對此負責。你還有什麼話說？

五是不管好歹全部一竿子打翻所有船。不管是中層幹部還是基層幹部，哪怕是員工，有問題、有想法、有意見儘管直接來找我，我才是主管，我為你們做主！有錯誤、有毛病，叫你們主管來！罵完再說。

六是對正經事不關心，卻善於製造心結、利用心結。有心結才能互相制約、互相監督，才不會出現隱私，才不會被蒙蔽；一團和氣容易喪失原則，工作固然容易開展，但也更容易出問題。

七是人心不足蛇吞象：一刻不停的工作，工作是你的唯一。假如一天能有二十五個小時，你最好二十五小時都工作，高薪聘請，我不能讓你一刻閒著，否則，你可能會做私事或另找工作。下班了——開會，節假日——組織員工做活動。

八是唯我獨尊卻又想當「只說不做」：不能事事都請示，但必須事事都彙報。什麼事都問我，要你做什麼？（再說，有些事我也不知道該怎樣。）自己看著辦吧！你是高層主管，假如什麼事都不告訴我，究竟居心何在？這可怎麼得了？忠誠是第一位的，一次不忠，終生不用。當然，我有我的標準，你不必解釋什麼。目前企業經營困難，先降兩個月薪水吧，等效益好的時候再補上。（哼，只要我願意出錢，什麼樣的人都請得到。）

九是每個人都是傳令兵。主管心血來潮突發奇想時，執行下屬卻不在身邊，沒問題，張三或李四：告訴某某，這件事如此如此，這般這般。到頭來：你為什麼不辦？或為什麼這麼辦？

正如前文所述，這些主管大多有過經理員工的創業經歷，以後逐漸發展起來了，跟隨他們創業的人也多了，什麼親戚或老鄉、朋友，一幫沒有多少知識、沒有更高要求的「忠義之士」，在跟隨主管的創業過程中，他們已經習慣了主管的管理方式，主管的一言一行所作所為都潛移默化在他們的心中；另一方面，他們任勞任怨的一直領取微薄的薪水而極少怨言，主管也認為他們是最優秀的，就連他們自己也認為，只有他們對主管才是忠誠的。

在經過了艱苦創業階段轉向現代化管理的過程中，尤其是新血的介入，新的思想、新的管理方法隨之帶進企業，這必將與已形成定勢的、與生俱來的東西產生激烈的碰撞。從主管方面來看，企業要壯大長久，首先自己必須從繁瑣的日常管理事務中解脫出來，這是他聘請管理者的初衷；他既希望他們能夠給他的企業帶來新的管理制度、管理辦法，同時又不希望超越既定的框架和模式，因為他總是自信認為，他的管理方式是最成功的。

從下屬方面看，他們最希望的是新主管的到來能給他們平淡的、甚至壓抑的生活帶來一些變化、增添一些亮色，因此，他們對待新主管多少有幾分好奇；他們不習慣甚或不能接受的是，在主管和他們之間突然插入了「第三者」，以往許多直截了當的事似乎變得複雜起來；尤其不能讓他們接受的是，新主管不斷推出一些管理制度，不斷修正或規範他們的行為，於是，他們開始排斥新主管，他們開始向主管訴說……最初的日子，這些新主管大多是「寬宏大量」的，他們在觀察、在思考、在等待，但是，他們的耐性始終是有限度的，他深信跟隨自己創業的人對自己是絕對忠誠的，雖然能力有限，但絕對可靠，無論怎樣罵都不會輕易背叛自己，更何況他們確曾為自己創業立下了汗馬功勞。於是乎，降薪、冷落、挑剔、收權……新主管只有另謀高就。

主管不甘心，他期望請一個更好的人來幫他管理企業，但這只是一個新循環的開始。管理者來了又走，走了再來，主管的骨幹們留了下來，一如既往的上班、下班、工作、休息。於是，主管越來越相信自己的骨幹們，並且在這個循環中越陷越深。

除了主管之外，無論是誰給你傳達旨意，你都不要馬上去做，一定別忘了先向主管求證。別怕他反感，那樣會準確些。日理萬機，主管難免健忘，有些事有必要給予提醒，特別是關於對人、對事的承諾，但必須記住，這種提醒別超過兩次。

正確處理與主管的關係

經常可以碰到一些這樣的下屬：他們具有優秀的技術和良好的品質，在公司裡也具有較高的威信，與同事也能友好相處，但是卻和主管處理不好關係。這其中除了主管的原因之外，如果從自身找毛病，角色行為不當也是非常突出的原因。處理與主管的關係不當主要有以下幾種類型：

投其所好的下屬善於對主管察言觀色，專門會仰主管鼻息出氣。主管說是「鹿」，他絕不說是「馬」。

隋煬帝的御史大夫裴蘊、內史侍郎虞世基都是這方面的典型代表。裴蘊辦案看主子的態度，「若欲罪者，則屈法順情，鍛成其罪，所欲宥者，則附從輕典，因而釋之。」虞世基因為「帝惡聞賊盜」，他就報喜不報憂，明明下面是火急報警，他卻奏稱，「鼠竊狗盜」行將除盡，「願陛下勿以介懷」。

不言可否下屬在小說家李伯元的《南亭筆記》中有這樣一段記載：「王仁和相國文韶，人軍機後，耳聾越甚……一日，榮祿爭一事，相持不下。西太后問王意如何。王不知云，只得莞爾而笑。西太后再三垂問，王仍笑。因太后曰：『你怕得罪人？真是個琉璃蛋！』」

一害怕得罪主管，遇事不置可否，這種人還是大有人在的。

有的下屬總是習慣迴避主管。有一部分人自己雖然也是領導者，但是卻非常怕見自己的主管，遇見主管則繞道走。這種人或怕接近主管領導者有「拍馬屁之嫌」，或因有「自我防衛心理」，害怕主管發現自己有的地方技不如人，或因與主管之間有心結嫌隙等等。不管其原因如何，此種交往不利於上下級之間心理溝通。

遇事對抗的下屬由於與主管產生了排斥感，因此對主管採取、抗拒行為，不管主管對與錯，都尋機向主管「行動」，拒不執行主管的指示、命令，和主管經常發生心結衝突。

善於品頭論足的下屬雖然對主管的安排也執行，但不管分配是否正確，總愛挑三揀四，品頭論足。這種行為雖然有時在理，但經常採取此種方式，不僅會使主管產生厭煩心理，而且會在同事中引起不良傾向，使企業出現一批「評論員」，減少公司內的實務者。這樣對公司的發展是沒有多大益處的。

以上種種行為不管其動機如何，就其後果來看，都會影響與主管的關係。雖然有的交往方式個人會獲取一時之利，但是從長遠的角度看，對事業、對組織、對主管、對自己都有害而無利。下屬與主管正常交際應該注意以下幾點：

了解主管的心理特徵，進行正常的心理溝通。與主管交往同與其他人交往一樣，都需要進行心理溝通。主管也是人，同樣存在七情六慾，不熟悉主管的心理特徵，就不能進行良好的情感交流，達不到情感的一致性。主管與下屬的工作關係，不能完全拋開情感關係。上下屬之間雙方心理上接近與相互幫促，會減少互相之間的摩擦事件和衝突，反之，情感差異很大，就免不了要發生心理碰撞，影響工作關係。

《戰國策》中「觸龍說趙太后」這一段能很好的說明這個問題。

趙太后剛剛當政時，秦國發兵進犯，形勢危急。趙國向齊國求救，而齊國卻要趙太后最疼愛的小兒子長安君作人質，才肯出兵。太后捨不得讓長安君去，大臣們紛紛勸太后以國事為重，結果君臣關係鬧翻了。太后說：「有復言令長安君為質者，老婦必唾其面！」君臣關係形成了僵局。這時候，左師求見，他避而不談長安君之事，先從飲食起居等有關老年人健康的問題談起，來緩解緊張氣氛，先讓太后關心一下他的小兒子，引起太后感情上的共鳴。太后不僅應允，而且破顏為笑，主動談起了憐子問題，君臣關係變得和諧、融洽起來。這時，觸龍因勢利導，指出君侯的子孫如果「位尊而無功，俸厚而無勞」是很危險的，太后如果真疼愛長安君，應該讓他到齊國作人質，以解趙國之危，為國立功，只有這樣，日後長安君才能在趙國自立。這番合情合理的勸導使太后幡然醒悟，終於同意長安君人齊為質。

如果觸龍不掌握太后憐子的心理，勸說不僅不能夠成功，還真有可能受侮辱。了解、熟悉主管的心裡想的是什麼是為了更好處理工作關係，不應當懷有個人動機，投其所好，以達到取悅主管之目的。領導者的工作需要得到主管的支援和幫助，為了組織的共同目標對主管有時要進行建議和規勸，這些離開良好的心理溝通是無法奏效的。社會心理學研究認為，交往頻率對建立人際關係具有重要作用。對主管不交往，採取迴避態度，很難和主管的認識取得一致，沒有一致的認識，相互之間的支援、協調、配合都將大受影響。

服從主管的安排，不要對主管採取抗拒、排斥態度。下屬服從主管是起碼的組織原則。一般情況下，主管的決策、計畫不可能全是錯誤的，即使有時主管從全面考慮出發，與某個部門的利益發生了心結，也應服從大局需要，不應抗拒不辦。更何況有的人因為與主管產生了心結，明知主管是對的，也採取抗拒、排斥態度，那更是不應該的。感情不能代替理智，領導者處理工作關係，不僅有情感因素，更要求理智處理問題。頂牛、抗拒、排斥不是改善上下屬關係的有效途徑。下屬與主管產生心結後，最好能找主管進行溝通，就是主管的工作有失誤，也不要抓住主管的缺點不放。及時進行心理溝通，會增加心理相容，採取諒解、支持和友誼的態度。

學會「搞定」你的主管

人們都知道要處理好與主管的關係對做好工作非常重要，那麼，如何才能處理好與主管的關係呢？其實你和你的主管是同在一條船上的人，要想成功就得同舟共濟。那麼怎樣保證你們的關係卓有成效並使你們雙方都獲益呢？就得學會「搞定」你的主管。你是否了解你的主管呢，先來回答以下問題：

你的主管是個什麼樣的人？他是個只願掌握大局的人，還是個事無鉅細一手操辦的人？如果你向一個只願把握大局的人彙報事情的細枝末節，那麼他（她）很快對你就會煩膩的。你也許會認為你對某項工作盡職盡責，而你的主管卻漠不關心。一位只願把握大局的主管會認為你該把所有基礎工作都做好，否則他（她）就不會信任你。你的主管可能只注重結果。如果你早些了解大頭的個性，你倆的合作就會愉快的多。

你是否在幫助主管完成發達公司的任務？如果你清楚的知道你的主管想要完成什麼任務，你最好能幫上忙。了解那些特別的目標將有助於你更好掌握部門的發展方向。透過這些資訊，你就能採取前瞻性措施來幫助你的主管達到目標，他也就會視你為部門中有價值的成員，那麼當他（她）升遷時，你也會跟著得到提拔。

你的主管喜歡在什麼時段處理問題？如果你知道你的主管不是一個喜歡在下午處理問題的人，你就要盡量避免成為第一個被他召見的人——特別是當你們兩人的確有問題需要商量時，你會發現你的主管在下午更容易聽取下屬意見，更可能幫你解決問題，千萬別在他（她）不想解決問題時前去打擾。

你對主管寄予你的期望是否明白？實際上只有為數不多的下屬會被主管寄予期望，並為公司勾畫目標。所有下屬都削尖腦袋想成為其中一員。如果你的主管是個注重細節的人，你就該簡要的寫下你認為他（她）對你的期望是什麼，然後拿給他（她）去徵求意見。而如果你的主管是個一見報告就頭痛的人，你最好就你在部門中的作用和責任同他（她）非正式的聊幾次。

你是否竭盡全力的使部門顯得很出色？要知道，如果你的主管顯得出色，那麼你也會顯得出色。你該隨時隨地想方法使你的主管顯得出色。如果你有什麼能改善部門工作的主意，一定要讓他（她）知道。但務必私下去談，且不要與他（她）發生衝突。如果部門工作得到了改善，你就會得到更多信任，那對你的事業會很有益處。

只有你真正處理好了與主管的關係，你才會覺得你們更像是夥伴而不像是上下屬。作為夥伴，主管會委託你更多的任務，使你有更廣闊的發展空間。

前提是你要敢於指出和彌補主管的失誤，但不一定用逆耳之言。主管作決策、訂計畫、實施指揮，由於各種限制，難免會出現失誤。發現主管失誤之後，不能為討主管歡心聽之任之，助其蔓延，也不能害怕主管不高興沉默不語，而應當及時指出，使失誤盡快得到糾正。這樣才能減少損失，否則，任憑錯誤的決策、計畫拖延發展，不僅會禍及企業，而且會禍及自身。當然，指出主管的錯誤不一定非要用逆耳之言。有些人認為「忠言逆耳利於行，良藥苦口利於病」，但是他們不知道，如果能達到治病的目的，忠言不逆耳、良藥不苦口豈不是更好。指出主管的失誤，不一定開口就大講其弊，開口就說人家錯了，有時主管心理不一定承受得了，不妨婉轉迂迴，這樣有可能達到更好的效果。觸龍勸說趙太后時，始終沒有逆耳之言，在和諧、平等的氣氛中，成功幫助太后糾正了失誤。他的勸導方法值得借鑒。指出主管失誤要考慮怎樣才能讓主管接受。否則，批評完了，或者發了牢騷，不僅不起任何正面作用，而且還會增加摩擦和衝突。對主管的失誤，還應該幫助主管彌補缺陷，不能站在旁邊看笑話，甚至諷刺。這種消極的交往態度會使上下屬關係緊張和冷漠。對主管工作如果有什麼好的建議，要及時提出來，提建議時要防止使用脅迫性的口氣和方式，脅迫主管接受往往會適得其反。

要設身處地從主管角度想問題，不要強主管所難。主管要關心、幫助、支持下屬，這是不言而喻的。但是在人際交往中，特別是在對主管交際中，下屬經常會發生非感情移入心理障礙，即不設身處地考慮主管在實際工作中遇到的情況，脫離現實主客觀條件對主管提出要求，如果達不到，則進行「行動」。主管工作也有主管的難處，作為領導者，如果能經常想想自己也不能事事滿足下屬要求，就會理解主管的困難，體諒主管的苦衷，不給主管增加無法解決的難題。

與主管相處要有耐性，要經受得起挫折。下屬不可避免的要向主管提工作建議，向主管提建議時要有耐性。一般說來，主管要比下屬高明一些，但是客觀情況並非完全如此，在某些問題上，下屬的認識高於主管的認識是正常的。范進中舉時寫的文章，主考官要看幾遍才「解其中味」，這類事例在工作中有時也會發生。當下屬的認識高於主管時，要取得主管的支持，必須有不怕挫折的精神，要反覆向主管說明自己的觀點，逐步使主管了解新建議的內容與好處，從而達到說服主管、取得主管支援的目的。有時，由於主管不理解，還可能招致指責和批評，這時千萬不能氣餒，應該勇敢接受挫折、誤會和指責，繼續堅持下去。如果缺乏堅持精神，就會使美好的願望夭折在磨難之中，堅持下去，有時會出現「柳暗花明」的局面。

走出盲點，給自己定位

在工作實踐中，一些下屬在如何給自己定位的問題上，往往陷入自以為是的盲點，而這正是導致無法與主管長期愉快相處的根源。

盲點一：主管永遠是對的，對主管言聽計從，唯唯諾諾。不敢或不願發表自己的見解，對一些似是而非甚至明顯不合理的東西也不敢直述己見，一切以主管為中心，委曲求全，完全喪失了自我。

盲點二：公司高薪聘請了我，我就應該為公司做奉獻。入職前只談薪資報酬，不提工作條件，將自己陷於無休無止的繁瑣事務和永無盡頭的工作中不能自拔。

盲點三：我有足夠的經驗和能力，我是萬能的。無論主管交給的任務是否在自己的職責範圍或是否自己能力所及，都無條件承諾，或主動請纓，徒增負擔，往往吃力不討好。

盲點四：恃才自傲，老子天下第一，不注重溝通，缺乏親和力。某方面的專才，下屬望而生畏，同事敬而遠之，只受主管重視，常以為鶴立雞群，雖能給主管創造效益，但最終招致失敗。

盲點五：發展親信或安排「自己人」進企業，自以為工作起來會得心應手，但禍根已就此種下：總有人在盯著，總有人在眼紅，很快就會有人拿你的親信或「自己人」開刀。

盲點六：用個人關係等非常手段為企業解決非常問題。最好透過正常的管道解決經營管理中的一切問題，你已經付出了自己的勞動，沒必要把親戚朋友都搭進去，弄不好不但影響了工作，還連累了他們，也降低了自己的身價；

盲點七：和主管的親信套交情。主管對下屬的信任是建立在個人能力、個人素養和工作效果的基礎上的，下屬的作用始終不能與其親信的作用等同，保留一份必要的神祕，或許就是多一份價值。多餘的近乎只會對自己多一點誤導、多一點束縛。

盲點八：喜歡介入主管的家庭事務或私人問題。自己有自己的生活，主管的生活下屬知道得越少越好，雖然那一刻他可能真的需要你，但是，主管已經夠累了，不要讓他再多一件心事。

走出盲點，給自己一個原則、一個明確的定位和目標，而且，最好寫在合約裡，即使不能，也要記在心上，那麼，下屬會輕鬆很多，與主管的合作也會愉快些、長久些。

「無商不奸」是指做生意的人一般都會有些詭計，用於主管對下屬或許有些牽強。其實，下屬和主管相處，除了擁有超群的能力外，還真的是要講究一些技巧的：了解主管的愛好、特長，並適時的在工作中加以利用，這有助於工作的順利進行。如果你連自己的主管都不了解，無論怎麼說都是很失敗的。每個主管都有他過人的地方，虛心的向他學習，既是對自己的提高，又能博得他的歡心，何樂而不為呢？

下屬在很多時候要充當主管的代言人，保持自己的內外形象無論什麼時候都絕不是損失。尊重他人是一種美德，何況是自己的主管。在一般員工和外人的面前，千萬不要頂撞主管。主管也需要別人的關心，真誠的關心他並學會恰當的管理他，他一定會接受的。有用的是人才，但他每次要用你的時候你都不在，還有什麼用？要把握住「關鍵時刻」並勇敢衝上去。要敢於承擔責任。

雖然老闆喜歡奉承，但你也不能總說好聽的——糖吃多了也會黏牙膩嘴，更何況是無聊的、不切實際的話。想辦法把你的意見變成老闆的意見，然後再去公布和實施，成功率會更高，風險也會更小。除非十萬火急，請示或彙報工作前先看一眼老闆的臉色再敲門，否則，十有七八會碰釘子。老闆外出的時候，可以更充分發揮自己的權利，不是萬不得已，千萬不要打電話給他，特別是中午和晚上。千方百計節約每一分錢，不要相信老闆真的給了你多大的權利，特別是需要花錢的事情，你必須先向他請示，最好寫一個報告讓他簽名。要知道，就連刷牙的時候老闆都在盤算著：今天我又要支出多少薪資了。老闆請你吃飯你最好到場，但要小心，他的耳光馬上就會打到你的臉上——天下沒有白吃的午餐。

最聰明的莫過於老闆，他就是睡覺的時候也比下屬清醒，否則為什麼你幫他做事？「難得糊塗」是至理名言。學會發脾氣，在合適的場合、合適的時間，用一種最合適的方式發一發脾氣，會讓老闆了解你的能力和個性，特別是要學會對老闆發脾氣。把握原則，獨善其身，認認真真的做好每一件工作，穩穩當當領取自己的一份報酬也就問心無愧了，其他的一切都別太當真，這才是真的。

第八章　教你怎樣與外商主管相處

在越來越多外資進駐之後，許多員工進入外資或者合資企業，他們可能是工程師、會計、品管或者技術員。但有些人在外國公司會感覺不舒服，其中一個重要原因是不知道外商對他們的期望是什麼，以及他們如何和外商主管打交道。

這樣與外商主管相處

每個公司都有主管，他們都有自己的一套管理方案和處事原則。你的公司主管是何許人？處事原則是怎樣的？和員工的關係怎樣？西裝筆挺的日本主管，風趣幽默的美國主管，嚴厲刻板的德國主管，紳士傳統的法國主管，那怎樣和這些外商主管相處呢？

韓中服裝公司成立不久，儘管是外商公司，可那也僅僅是一層光環。

一次，員工們為了一個重要項目異常賣命，吳孟海這一組的成員們個個都加班、每天工作到將近凌晨一兩點才回家，次日依舊是九點準時到公司報到。這樣的工作維持了約兩週左右，專案總算如期完成了。就在這個節骨眼，韓國主管居然爆出：沒有加班薪資！所有人都傻眼了，累死累活居然得到這麼一個結果。部門經理也覺得不可思議，去和韓國主管理論，誰知他的回答是：不發就是不發，沒有任何理由。

而且，他的態度就好像員工們要了他的薪資，就應該得到滿足，而不應該奢望更多。說沒有硬性讓員工們加班，是他們自己的決定。但是想想當初接到專案布置工作時，他規定一定要在多少日期內完工，就工作量和工作長度來看，不加班是不可能的。員工們真是領教了韓國主管把一個人當幾個人來用的苛刻了。吳孟海想這樣的公司，待不長是正常的。反正跳槽旺季也快來了，可能公司很多人已經像他一樣，在蠢蠢欲動了。

很多員工會因為工作進程而延時加班，但是公司卻並沒有明文規定如何計算加班費。這就是員工自我調整心態的時候了。如果你願意忍受這樣的工作習慣，或者說這樣的狀況還在你的容忍限度之內，那就沒有問題。但反之，就可能產生抱怨。當然，如果和外商主管之間還隔著一層管理層，則可以透過這一層主管跟外商主管做有效溝通，為大家謀福利。要知道公司或多或少存在不完善的地方，有時候就是需要員工主動提出來，公司覺得比較合理也可以接受，就會作相對的改進。

與外商主管相處，應從以下幾個方面予以考慮：

文化差異：處理問題的時候站在主管國家的文化角度去作思考。

溝通差異：掌握主管的個人溝通風格，以適合的溝通方式去交流。比如很多外國高管比較注重結果，在彙報工作的時候就不必過多描述過程，直接彙報結果即可。

環境差異：外商主管在不同的場合和環境下會表現出不同的一面，你不能把在A場合對他的判斷直接延伸引用到在B場合，想當然的以為他也是這樣的。

當然，具體情況具體分析。比如一些主管應該屬於支配性很強的性格，而且偏向完美主義。這樣性格的人一般都比較強勢，結果導致其對他人的要求很高，對反應速度的要求尤其高。大多數情況下，很多員工會感到壓力比較大，還會覺得這樣的主管不講道理。

面對這種情況，員工是沒有辦法去改變主管的，所以只有去適應主管的風格。但是，文化差異和性格、環境等因素必須考慮進去，有一個很典型的反面教材就能說明問題：

貓狗不和是地球人都知道的事情。德國動物學家做了一個實驗，把貓和狗放在一起，狗為了表示友好，伸出爪子招招，尾巴用力的搖擺，就好像像說：「來一起玩吧。」但是貓卻不這麼認為，伸爪子在貓看來是挑釁的動作。貓看了一會，發現狗也沒有要進攻牠的意思，所以就發出「咕嚕嚕」的聲音，這是貓示意友好的表現。但是在狗的世界裡，發出這樣的聲音卻意味著生氣憤怒。所以這樣的溝通就非常失敗，很多時候人也是在犯同樣的錯誤。

因此，在員工面對外商主管的時候，找對主管的頻率很重要，跟他保持同一頻率，溝通就容易得多。而那個韓國主管不付加班費的情況，這就是制度問題，不是溝通問題了。

了解你的外商主管

有一則笑話：如果啤酒裡有一隻蒼蠅，英國人會幽默幾句，美國人會馬上找律師，法國人會拒不付錢，而德國人則會用鑷子夾出蒼蠅，並鄭重其事的化驗啤酒裡是否已經有了細菌。文化背景和價值觀的差異，使得不同國家的人在思維方式和處事態度上大相徑庭。

目前，很多行業都會准許外資進入，由此帶來的「外商主管」人數必將迅速增加。那麼您外商時，究竟該怎樣與外商主管相處呢？是否會有一些特別的禁忌呢？為此，我們特地幫你細數一下不同國籍主管的特點。

與美國主管相處

美國人大都有「大美國」心態，總認為美式價值觀是獨一無二、至高無上的，經常有意無意向眾人推銷，往往令對手不悅，身為美國人的下屬，便經常要為之效力。最要命的是你提醒他不要重蹈覆轍，他反而一副不屑的表情。

假如你想到美國公司工作，你要懂得公司主管偏愛自信的「出頭鳥」。美國的主管鼓勵競爭，你應該時時清楚的表明並努力貫徹自己的立場。你需要扭轉的想法：聽聽大家的意見，內斂一點可能看上去更穩重。

國際商務文化專家西蒙．格林曾說：「美國人的個人主義是世界上最嚴重的。他們絕對相信，如果每個人不顧一切的追逐自身利益，就會產生最好的解決方法。」而美國企業家們普遍認為，如果每個人都試圖在工作中成為世界上最好的，這自然而然也會有利於企業。所以，你在會議中也好，平常工作中也好，千萬不要怕鋒芒畢露，美國企業中可沒有「棒打出頭鳥」一說，這裡最受歡迎的是自己有主意、並且懂得為之堅持的人。美國人做事很執著，不肯輕易的放棄，不肯服輸，所以他們喜歡有相同性格的員工。但是請記住，如果你和同事在工作中產生了什麼分歧，注意保持鬆弛，不咄咄逼人，要向對方表明，怎樣做能使企業變得更具競爭力。多用幽默的力量，這是美國人推崇的生活及工作方式。美國主管的習慣是不談家世，大家在競爭的舞台上地位都是平等的。你需要扭轉的想法：我是高級首長的兒子，我是總公司的「空降部隊」，所以我可以「硬起來」，頤指氣使。我是「鄉下人」，所以我就不會被安排到特別高的職位上。

美國康寧為光學泰斗。他們為了擴展市場和韓國的三星，當時的三星根本就沒有和康寧相交的業務，但是兩個人達成了合作意向。用康寧的技術讓三星在韓國設廠生產玻璃，映像管的玻璃殼，雙方都找到了雙方互補點，想到合作應該很好，但是合作發現，在美國人的管理下，韓國人的工作效率很低，雙方認為達成了一致的意向根本沒有達成。

有一天，美國主管說「我昨天的決定是錯的，你說那話可能有道理，我們得改一下」，搞得員工很震驚，你怎麼能錯呢？主管不可能錯的啊。結果搞的公司業績越來越下滑，最後怎麼解決這個問題？美國人退到後台，以技術顧問的形式，管理者換成了韓國人，每天早晨唱會歌，升會旗，到逢年過節燒豬頭，用韓國文化管理工人，效果很好。因為他用了員工適應的文化來管理員工。

與法國主管相處

巴黎聖母院是古老巴黎的象徵，艾菲爾鐵塔是現代巴黎的標誌，坐落在巴黎西南郊的凡爾賽宮是歐洲最宏大、最豪華的皇宮，這一切都是法國人的驕傲，談起這些，幾乎每一個法國人都會眉飛色舞。

法國主管平時和同事切磋問題時，對於關鍵技術他總是採取保留態度，真不曉得他們是想讓員工不要急於求成，自己摸索，還是怕員工聰明，技術被別人得到了，他們就保不住自己的飯碗了。有時候還真有點打擊員工的積極性。法國主管工作時和非工作時簡直判若兩人，工作上他們有時極度不信任自己的員工。

關志娟在一家法國人的公司裡負責財務工作，可她總覺得主管對她不十分信任，帳目每兩天就要審核一次，從來沒有大概看看這回事，每次都是一項一項的核對，而在其他公司，這樣的帳目主管是從來不親自過目的，要麼就每個月月底把帳目給主管看一下。由於這樣，關志娟經常冒出不想做的念頭，可是經常下班後，主管很熱情的邀請她和其他同事一起共進晚餐，參加派對，讓人感到特別的親切，這又打消了她不做的想法。

與英國主管相處

相對於美國人的直接，英國主管比較多疑，他們不會完全依賴下屬，即使自己不在辦公室，也會不時打電話回來找下屬，看看他們有沒有偷懶。

英國主管在辦公室裡絕對不准穿牛仔褲、運動鞋的，但是也不要求你一定要穿套裝，只要搭配得體即可。冬日裡西裝褲、長大衣是免不了的，這也是文化。因為他們認為每個國家都有自己的著裝風俗，如果不了解，就會讓人家誤解，甚至傷害別人的感情。主管經常會感歎，「得體的著裝不僅限於你個人的品味，也一定要符合周圍的環境與風俗」。因為「外事無小事」。

英國人不害怕自我取笑，在介紹情況之前，英國人喜歡先做出一種沒準備好的姿態，以便接下來用突出的成績來炫耀一番，他們那種擠眉弄眼令人輕鬆。英國主管很幽默，會有很多的肢體語言和臉部表情。應該說，這對表達意思和吸引人的注意非常有效。主管還很有紳士風度，他對工作非常主動，有時候，員工認為辦不成的事，不知是不是由於主管的努力，居然辦到了。

不過，英國主管也有嚴肅的時候。他要求你做的事，你應該按部就班的去做。他不會追著你問，但會抽查。他們在對待工作方法、時間安排、專案進展等方面，要求非常細緻、專業化，甚至有些固執。

與新加坡主管相處

新加坡人的辦事作風多表面看來與香港人差不多，但仔細觀察，當中的分別也很大。一般而言，新加坡人比較保守、做事謹慎，冒險心態不強，因此在其手下很難有表現機會。

新加坡人愛講規矩，所以即使同樣是華人，也很少像香港主管一樣不時給予下屬一些額外的補償，如請吃飯、不定時加人工之類。不過，有一點可喜的是，他們不像香港主管般在下班前十五分鐘才把一大疊文件放到下屬桌上，非要下屬加班不可。

新加坡人的辦公室文化比較直接，例如遇有同事不和睦，主管會向有關的下屬說：「有人覺得你……」換了是香港主管，會婉轉的先向下屬說正確的做法如何，然後說各人的做法不同、立場不同之類，最後才提到有人覺得你……，並建議你下次該如何處理。

不過，新加坡主管一般較有人情味，下屬家裡有紅事白事，主管就會很關心，也願意遷就同事，這與香港人做事公是公、私是私，員工最好不要帶著個人情緒回公司不同。所以若新加坡主管問你的家庭或感情問題，不要覺得奇怪，要知道這是他們的特色之一。

與荷蘭主管相處

荷蘭人有著開放的精神，但是在荷蘭從事商務活動穿保守點的西裝比較適合，雖說上班不用很保守，但是還是應該莊重一點，至少看上去穩重些。

還有就是千萬別貿然闖到荷蘭人的辦公室，一定要預約，如果貿然闖入了不妨讚美一下荷蘭人的辦公室裝飾。荷蘭人的家具、室內裝飾聞名於世，所以荷蘭人喜歡別人恭維他們的家具、藝術品、地毯和家中擺設，辦公室也不例外。說不定可以彌補一下你突然而至帶來的不快。

荷蘭人很會找藉口吃飯，不論什麼節日，公司業績有突破，他們隨時可以找一些值得慶祝的事情，然後大家一起去吃飯慶祝。荷蘭商人喜愛相互招待宴請，往往早餐豐富，上午十點休息吃茶點，中午再大吃一頓，下午四點又休息吃茶點，晚上七點正式吃晚餐，睡前還有一次宵夜。所以，看見主管要請客，切記帶著你的腸胃藥。如果你請主管吃頓中餐，他們會非常樂意的，畢竟美食是無法抗拒的。不過，荷蘭主管似乎不是那麼願意和員工一起出去旅遊，不知道是怕員工拘謹還是怕自己失了威信。

說到荷蘭就不得不提起荷蘭的花，特別是荷蘭的鬱金香，如果碰到女主管，送上一束花，談生意可就少了一道門檻了，如果是結了婚的女性，送五朵或者七朵就差不多了，千萬別太多了，應該明白物極必反的道理。

跟外商主管共事，磨合非常重要

在越來越多外資企業進駐之後，如何與外商主管相處的技能也越來越受重視。假如您的主管恰好是這樣一位外商人士，您該如何應對？

天下的主管都有共通性：第一，喜歡執行力強、能幫他們把事情搞定的員工；第二，喜歡組織性、紀律性強，或者說符合公司價值觀的員工；第三，喜歡聽話的員工，聽話不是指唯主管之命是從，而是要用心傾聽主管在說些什麼。職業發展不順的人，多半是沒有做到其中的一條或幾條。

那麼外商主管的特性又是什麼？

外商主管經過多年職場歷練，大多都是行業中的專業人士，又都很忙，因此他們喜歡那些機敏的下屬，希望下屬能夠快速領悟他們的要求和意圖。另外，很重要的一點是：下屬要能大處著眼，小處著手。在執行主管指示的時候，主管要你完成A，如果你能同時將A、B、C都做了，主管會格外欣賞你對公司的附加價值貢獻。概括講，首先要「快」——理解主管用意快、手腳快，其次要有大智慧，千萬慎用小聰明。

文化差異是人們經常提到的一點。對此，要盡量求同存異。所以，假如你能找到與主管世界觀上的共同之處，那麼文化上的差異反而不那麼重要了。當然，在初期的磨合中，文化差異有可能會造成一些誤解，使我們走些彎路。一旦達成共識，諸多認識差異會迎刃而解。

三點建議可以使外商主管很快記住你，並有助於你們之間建立起信任：第一，有意識的透過一些小事，在主管心目中建立起一個你想要留給他的印象；第二，透過一些簡短但彰顯你個性的話語，讓主管對你印象深刻；第三，偶爾對主管談一些他不知道的事情，給主管一些啟發，讓主管對你刮目相看。

在管理風格上，中外主管差別很大：華人主管更偏向於「家長式」管理，透過培訓和輔導教會員工處理各種問題的方法。而外商主管則更多的是「輔助式」管理。他們在與下屬溝通時，更多的是站在建議者和傾聽者的角度，去了解怎樣才能幫助你達成目標。

外商主管的思維一般都比較開放，他們願意聽取不同意見。雖然掌握著決策權，但是當他們詢問你的意見時，通常是真的想知道你的看法，所以你不妨開誠布公的表明自己的觀點。如果你沒有聽明白主管的用意，就大膽直接的提問。當外商主管的下屬，最忌諱不懂裝懂或者一知半解，從而降低工作和溝通效率。

華人主管喜歡下屬「在其位，謀其政」。而在外商主管手下做事，你考慮問題的時候，則要想得遠一些，站的角度要比自己的具體職責範圍高一些，就是所謂要有「大局觀」。這一點很重要。如果你考慮問題的高度只在自己職位的水平面上，可能很難得到快速晉升。在外資企業，你的態度決定了一切，你的雄心決定了你未來的格局，能否晉升到一個新的職位，在於你想不想、能不能做到那個職位所要求的。

溝通是面臨的主要挑戰。和外商主管溝通，首先得跨越文化差異和信任這兩大屏障；其次是溝通成本，包括時間、精力等等。通常來說女主管更注重細節，在與她們溝通的時候，你要特別注意將考慮思路展現出來。隨著溝通的加深，如果主管意識到她的工作標準和價值觀與你的逐步一致，那麼你們之間的信任就會建立起來。

當然，要與外商主管建立互信，感情投資也很重要，尤其遇到工作狂的主管，可能你們之間百分之九十九的話題都是關於工作，那剩下的百分之一的溝通所發揮的功效就更為明顯。工作以外對主管多加關心，能讓你們之間的信任變得更為牢固。

外商主管待人比較平等，這從稱呼中就可見一斑。主管喜歡下屬稱其「某總」，外商主管更喜歡下屬直呼其名。

在工作中，外商主管很看重事實，願意基於事實來分析判斷結論，因此和外商主管溝通，就需要先講事實，而且要講得充分。如果要說服外商主管同意我的觀點，更需要將重要的事實有條理的精心組織起來，確保基於這樣的事實，外商主管能夠得到和你一樣的結論。

外商主管在工作績效考核上，不僅關心員工是否達成工作目標，同時也關心達成目標的過程，包括關鍵環節的報告及支援目標結果的事實。因此，當工作成果沒有達到預期時，一定要加強溝通，這不僅能幫助外商主管更清楚過程中的多方面問題，也有助於獲得幫助。基於文化差異可能帶來的不同理解，如果要實現有效溝通，一定要盡可能和外商主管建立很好的信任，幫助跨越文化差異。

跨越文化差異需要開放和包容的胸襟，需要你認同、尊重並且融合於這種文化差異。

這一點說說容易，做起來卻難，很多人會抗拒這種文化差異，看不慣與自己的文化傳統不同的東西。其實從全球範圍來看，中華文化只是人類文明很小的一個分支。大千世界，因為有差異，才異彩紛呈。只有當你抱著尊重、理解的姿態，並最終與這種差異相融合，你與外商主管之間才能建立起信任關係。

學會與外商主管相處

在外商中，因為各自的文化背景不同，工作方式與想法也不會一樣，一定要學會與外商主管和外國同事相處，才能使自己的工作更加順利。

人際關係是一門學問，特別是與不同思想不同背景的外商主管交往就必須努力把心態放正，不否認人與人之間能否合得來，按華人的說法是靠緣分的；按西方人的說法，就是要有以工作為重的思維方式，或說公心為上，在乎工作成果而非僅僅個人關係，這樣有時反而處得更好。

溝通要掌握主管個性

主管是老外，他們思維有時很直接，如果你不主動溝通解決問題，很難指望透過暗示等讓他們了解。但溝通不是抱怨和訴苦，最好能在溝通時說明問題所在和可行的解決方案。

董仲偉曾經是一家高級化妝品公司的企劃銷售人員，公司是外商，她的一些想法和主管的想法不一樣的時候就會遭到同事與主管的冷眼，有一次因為一些銷售運輸上的問題，董仲偉去找主管說一些自己的計畫，主管居然愛理不理的說：既然你這麼有能力，那你來坐我的位置怎麼樣啊。

同事們都說董仲偉是太有個性了，所以以後的一些專案主管都交給別的人去處理，這使得董仲偉怎麼也想不懂自己到底哪裡做錯了，雖說公司是外商，但畢竟是由華人來管理的，所以，請不要一視同仁的想說什麼就說什麼。有時候溝通上的失敗必然會導致工作的不順利，而在與不同的人交談中一定要掌握別人的個性比較好。

後來，在一次同事的聚會上，董仲偉很謙虛和這個主管交談，以一種學習者的身分來說話，很有引導性的發表自己的一些觀點，使的主管對她的計畫很讚賞，董仲偉的事業也蒸蒸日上，終於找到了做白領的感覺。

有時候換一種方式來表達自己是必要的。衝突不是令人愉快的事，要盡量避免。

不要與主管關係過密

不要與主管有什麼利益上「過密」的事，尤其當主管的利益與公司的利益相違背時，最好不要幫他，否則早晚會出事。

答應主管的事要按時做好

守信，守時，外商主管更注重承諾。答應主管的事一定要按時做好。除了天災人禍，任何延誤理由都是站不住腳的。一次不守信可能會減少一半以前累積的信任。參加任何會議，特別是跟外商主管去參加客戶會議，沒有任何理由可以遲到。

只有遵守這些必要的東西，才可以使你在外商更加輕鬆、愉快的工作，也會讓你在工作中得到外商主管的賞識，事業蒸蒸日上，想升遷又有何難呢？

怎樣跟外商主管過招

穿著光鮮的職業裝，出入高檔的辦公大樓，說著流利的外語，與形形色色的洋人打交道，外商的生活令不少人神往。陳力堅剛剛進入一家外商，他的主管和同事遍布各國，美國、澳洲、日本、印度、法國、馬來西亞等等，因為文化背景的不同，雖然說著同樣的英語，但陳力堅覺得照舊不太懂得「遊戲規則」，不知道這些不同的人到底喜歡本人用哪樣種態度和他們相處，是詼諧輕鬆一點，照舊嚴明莊重點，他盼望有人能幫他輔導一下迷津。

一些資深外商白領遊刃有餘的和各國人打交道，請看看他們眼中的老外，並教你怎樣和老皮毛處，適應外商生存法則。

「我的公司，可以說就是一個小型的聯合國，哪樣國家的人都有，美國、德國、法國、菲律賓、墨西哥、日本、馬來西亞等，所有到齊。」王志賢說，不同國家的人的確有一些共同的特點，和他們打交道的感覺和不同。「我覺得美國人最好打交道了，由於他們很open，我的主管就是一個美國人，假如你做得不好他會當面指出，做得好他也不會吝惜本人的表揚和報酬。他們很詼諧，喜歡開玩笑。但是很現實，裁員絕不手軟，業績不好你就得走人，不管資歷有多老。而且他們還首倡創新，喜歡你提一些新的點子，這樣他會很觀察你。只要你工作努力做出業績，你將得到你應得的報酬，這一點很公平。」

「德國人很嚴謹，辦事情一絲不苟，而且能把事情做得很優美，平常很準時，但比較古板，做事很模式化。他們喜歡你循序漸進，按照既有的程序做事，平常不太喜歡開玩笑。」王志賢談起各國主管如數家珍，「印度人能說不做，做得很優美，演講富有熱情，外表功夫做得很全面，但是不怎麼真正辦事情。墨西哥人很懶，辦事情很拖拉，平常他允諾你連忙辦的事情，至少要拖上兩週，以是要繼續的催他們，才會有進展效果。」

「菲律賓人視野比較狹小，辦事情只考慮面前目今利益。而馬來西亞人則視野比較坦蕩，這與他們的地域和文化相關。香港人十分務實，專心辦事，但很膽小不敢創新。日本對主管很忠誠，也施展闡發得很謙卑，平時客客氣氣。法國人很會政治鬥爭。」王志賢一口氣說了許多，問了他幾個「最」，他這樣說：「我最喜歡的是美國人，他們很簡單，最不喜歡墨西哥人，太懶了，跟他們合作效率很低。」

避免語言溝通窒礙，學好外語。避免語言隔閡產生誤解，凡事實行前最好多多再確認。假如細節說不清晰，就以書面來往。與外國同事共事，盡量直接溝通，碰到誤會就當場溝通清楚，避免透過第三者傳話，這樣也能從直接互動中了解兩邊的個性。

三十六歲的謝明輝在一家外商當銷售經理，他平時喜歡沉浸酒吧，這當然不僅僅是休閒，這也是「工作」，他說，本人的企業有美國人、法國人、澳洲人，他們有不同的喜愛，投其所好，自然工作就得心應手了。

「澳洲人最會玩了，和華人的生活風俗最接近。我的主管就是澳洲人，最喜歡的是卡拉OK和喝酒，陪他們玩好就是最好的相處之道了。」謝明輝說，「平時要創造機會，約客戶出去唱卡拉OK的時候，也告訴一下主管，他會欣然前往。」雖然很會玩，但澳洲人工作手腕也很厲害，「他們會製造部門主管之間的心結和衝突，讓大家看起來關係不錯，但心裡卻勾心鬥角，這樣總會有人給他打小報告，下屬之間能互相監督，他就能清閒的盡情出去玩了。」

「美國人最大的特點就是幹練和直接，他們十分實際，辦事效率很高，假如做得好他們會拼命誇獎你，並給你很高的薪水，但假如業績不好，毫不猶豫的責罵。」謝明輝認為，正由於美國人只看業績和結果，也讓人際關係變得很簡單，他們很隨意，你不會覺得顯明的等級關係，工作之餘還能和主管一路喝喝酒，偶然也泡泡腳。

提及法國人，謝明輝覺得和美國人有很大不同，「他們十分講究情調，對於吃、穿、藝術方面要求都相當高。而且他們最看重休假，假如你打電話不是沒人接就是關機，他們暑假有三個禮拜的高溫假，法國人都回國找個避暑山莊度假了，十分幸福。」密切把握主管和同事休閒娛樂動向的謝明輝說，法國人是很肅靜嚴格的，他們頂多去環境愜意、有輕音樂的酒吧放鬆，絕不會去泡腳。他認為法國人對情感需求比較多，假如週末能陪陪他們，一路打球、喝酒、喝咖啡、聊天，並且偶然送點小禮品，維繫很好的感情，他們會和你成為好摯友。工作上只要業績不錯，及時回饋和提供幫助，相處就會很融洽。

在謝明輝看來，香港人和新加坡人很現實，假如是本人能加薪資和升遷的，就會很賣力，但不會為公司的長遠發展考慮。他們作報告的確很專業，英語平常都很棒，擅長跟外商主管彙報，但他們只看重外表功夫，做工作的事沒愛好。

身處多元文化的外商之中，該怎樣遊刃有餘的處理好與外商主管事的關係呢？身經百戰的「老江湖」們總結出以下幾條首要原則：

1、尊敬和了解不同國家的文化和習俗，用他們的思想體式格局來換位思慮。例如：和美國人相處，就按照他們的風俗直接叫名字就好了，不要小心翼翼，唯唯諾諾。勇敢的提出本人的看法和建議，他們會更加賞識你。回教徒要守時做禮拜，不要感到詫異。法國人不喜歡節沐日談工作，對於他們週末就關機的行為你要表示理解，提前和他們溝通。和老外吃飯，不要不停奔波席間鞠躬敬酒，弄得他們不痛快，這些拍馬屁的文化，他們一點也不懂。

2、了解外商主管的愛好興趣，和他們做摯友。在工作上，配合和完成好主管交代的使命，工作之餘也適當和外商主管做摯友，例如和澳洲主管相處，他們喜歡唱歌，就多創造機會讓他玩得開心，假如本人恰好也喜歡唱歌就更好。法國主管講究體面，就去機場接他時開賓士、BMW，約請他們也盡量是高級的雞尾酒會。節假日陪陪他們打球、聊天、喝咖啡，他們會更信賴你。

3、適當教老外一些華人禮節和文化。大家應該互相尊敬和適應，老外其實很願意學習華人文化，例如有的老外不知道華人通常雙手送上名片表示恭敬，假如一隻手隨意率性遞過來或往桌上一放覺得很不禮貌。告訴他們華人的傳統文化，有的老外還會很感激你，對本人的失態表示歉意。

4、平等對待不同種族的外商同事，不同國家的人應該多混合交流。不要放任形成諸如德國幫、美國派、日本組這樣壁壘分明的事勢。多幫助同事，例如為語言不通的同事叫計程車，陪他們逛街買東西，生病送他們上醫院等。

這樣「玩轉」外商主管

如果你想在歐洲公司工作，你要懂得歐洲主管的習慣：流利的英語是進入歐洲企業的第一步。大部分歐洲人都能使用英語。你需要扭轉的想法：歐洲語言那麼多，一定會有翻譯，只要講中文應該就可以了。

歐洲的企業內部也會有不同國家的人，英語是通用語言。雖然歐洲人的熱情率性使他們也會積極學習當地的語言、風俗，但是請記住，不會說英語，一切都免談。當然，如果能熟練使用一門歐洲語言，必定會對工作有很大幫助，特別是當你遇到一位民族優越感極強的法國主管或者德國主管，那麼你所會的語言就是你的制勝法寶了。

歐洲的主管注重職務的功效性，主張人要適應職位要求。你需要扭轉的想法：我有超強的學習能力，什麼難題一學就能適應。先去了再說。歐洲企業一般是透過明確而詳細的職務記述書來建立和保持組織功能的。這樣，配置員工時一般採用對號入座的方法，對人員的挑選具有使用價值觀。因此歐洲企業招納的對象以有實際工作經驗者居多。

歐洲的主管會鼓勵透過個體自我實現的競爭體制來實現企業追求效益的目的。你需要扭轉的想法：作好自己分內的任務就好了，其他的工作與我無關。歐洲企業注重個人競爭，鼓勵個性發展，鼓勵員工施展個體的才能和個性。所以在對職工的獎勵方面，等級差距拉得也很大。在歐企工作，一定要清楚自身價值，有明確的目標，想方設法實現自身價值最大化。這就是說，當你自己的工作完成之後，如果你依然覺得自己精力充沛的話，你可以額外要求更多的工作。

歐洲主管希望員工有主動積極的學習態度。你需要扭轉的想法：我是知名大學的高材生，我擁有足夠多的專業知識，可以應付自如。歐企採用雙向選擇的自由雇傭制，不像日商那樣講究從一而終的忠誠度。並且會不斷優勝劣汰。如果並不能適應工作，就會被淘汰，以此來不斷追求效益。因此，要想在歐企站穩腳跟，就得不斷充電，補充知識。同樣，你的努力也會得到相對的回報。

如果你想在日本公司生存，你一定要懂得森嚴的等級制度。在日商工作，你就應該明白什麼叫「等級森嚴」，工作的時候，你一定要完全把他當作一個領導者，他的命令是需要無條件執行的，沒有還價的餘地，如果工作完成得糟糕，他肯定會說發火就發火。

你需要扭轉的想法：他一直在標榜宣導前衛輕鬆融洽的辦公氣氛，甚至下了班一起去吃飯喝酒排解工作壓力，像朋友一樣，所以工作時我也可以在他面前無所顧忌。你不要妄圖像在歐美公司一樣，可以和主管勾肩搭背，開葷腥的玩笑。日本企業裡，工作中的主管和工作外的主管你必須完全分開。在工作時間裡，你最好畢恭畢敬，讓他知道你把他放在一個什麼樣的位置。即使心裡討厭這傢伙，臉上也要表現出言聽計從的樣子，多點幾次頭，多彎幾次腰對你沒壞處。但你不一定萬事都唯命是從，如果你有比上級更好的想法和意見，你完全可以直言不諱，對方反倒會佩服你，但要事先摸清楚對方的脾氣，並且意見一定要經得住推敲。

凡是在日商有過工作經歷的人都對「按資排輩」有所感觸，日本企業一般都有一套管理模式，在某一階段做什麼事情是非常明白的，整個公司的工作模式基本是按部就班。每個新人來到日商，公司會有專門的培訓，會告訴你做什麼事情用什麼樣的方法比較好，甚至填表這樣的事情也會有專門的人教你。即使是非常優秀的應屆畢業生，從一張白紙到得到處長的職位，在日本企業裡起碼也要四年以上時間。

你要扭轉的想法：我是研究生畢業，一上來就要坐在很高層的位置；我的能力強，可是憑什麼讓那個經驗多的人比我早升遷？不給我升遷我就跳槽！

日本企業大多這樣，即便你身懷絕技，也不可能一蹴而就，因為他們注重的是工作經驗而並非學歷，你必須按捺住你渴盼升遷的心情，「熬」些年頭。但等你做到一定的年限和職位，比方在一家日商待了～五年到十年後，一般來說就沒有什麼後顧之憂了，沒有特殊情況一般不會輕易裁員，他們把裁員當作是公司的一種恥辱。日商會把公司職員當作孩子一樣對待，如果你經過若干年後還沒有什麼長進，企業會把這個視為企業的責任。

想在日商工作就需要具備很強的責任心，做事絕不能夠粗心，說得難聽點就是要一板一眼的跟著做事；要適應並習慣計畫性很強的工作方式，日商不鼓勵離經叛道的創意；要具備團體觀念，善於配合協作，久而久之與他人產生默契。

你要扭轉的想法：一板一眼，事無巨細的做法太死板，我偶爾是不是也可以粗心或者偷懶一下？

所有和日本人合作過的人，感受最深的就是日本人嚴謹認真的做事風格和日本企業之間的緊密合作精神。日商公司喜歡把工作的目標、進程定得仔細清楚，然後一絲不苟的按部就班完成，不喜歡任何人標新立異；凡事須向主管彙報，准許後才可行動。要求員工敬業，把小事做好，他們會認為如果小事都做不好，怎麼能放心把大事交給你去做呢？但是有些員工會希望能多做些大事，於是員工的個人期待與企業對職員的期待就會出現差距。也許員工要等上幾年後才會委以重任，這樣有人就會熬不住了。其實每一項工作都嚴格遵照工作守則進行，哪怕是細枝末節的瑣碎小事，這未必不是好事，因為周密的框架管理不僅是為了避免疏漏，對於建立員工的條理和仔細也達到了促進作用。所以會有人說，只要在日本公司做過事，哪怕是實習過，其他國家的外商都不擔心了。

在日商你必須知道的其他事情：第一，加班是家常便飯。這跟日本企業要求員工敬業和對企業的忠誠度有關。一般來說，日商沒有在晚上七點以前下班的，因為日本企業文化最具代表性的一點就是以企業為家，在日本企業工作的每個人都相當敬業和講求協作。第二，要特別注重禮儀。早上來到公司，「早安」是一定要說的，要是對方是主管，那就一定再加上「敬語」；下班時要說「失禮了」或者「辛苦了」；在和日本主管在一起走時，一定讓主管走在前面。第三，注意自己的儀表打扮。日本公司把注重自己的形象看成是對別人的禮貌，在公司上班時，女孩子一定要天天都換新的衣服，男職員也要天天換領帶襯衫，每天都要西裝筆挺、乾乾淨淨。第四，千萬不要不懂裝懂。主管交代工作的時候，由於語言的關係如果你沒有聽懂，那就一定要問清楚。主管不會因為你提問而厭煩，但是，如果因為不懂裝懂而做錯了事情，主管一定不會原諒你。

怎樣與外商男主管相處

在競爭激烈的外商工作，作為女下屬，怎樣與外商男主管相處確實是一門很微妙的藝術，這直接關係到你的收入、晉升、飯碗的穩定與否。從以下案例中，你能有所感悟嗎？

趙微微在一家規模很大的德商公司做銷售。這是一份極具挑戰性的工作，無論在與人的溝通、對專業知識的掌握、對市場的把握上，還是在體力的支配上，都要經受不同尋常的考驗。趙微微常常是幾個小時前還在同客戶電話，幾個小時後就飛到別的城市了。在公司，每個人的銷售業績都是公開的，當你總是完不成公司定額的時候，你會感到有一種無形的壓力。當你承受不了這種壓力時，也就是你離開公司的時候。所以趙微微做得很賣力，業績一直在節節攀升，因此大受頂頭主管、銷售部經理傑夫洛——一個優秀的德國青年的青睞。

趙微微剛進公司時，就碰上了一個對公司來說相當重要的英國大客戶。談判一開始，對方就拿來一些國際慣例跟她談。由於雙方文化背景、思維方式、運作方法的不同，談判很快進入了僵局。但是趙微微絕不輕言放棄。她一遍又一遍的研究對方的資料，挖掘對方的弱點，用自己的認真和敬業來感化對方，一星期下來，談判終於成功了。趙微微也欣然接受了傑夫洛出去吃飯的邀請：「我當時的高興的真可以用眉飛色舞來形容。在主管面前也顧不上矜持，吃過飯，他邀我去跳舞，我也毫不猶豫就答應了。」

之後，傑夫洛便經常請趙微微吃飯、泡酒吧、打保齡球、桌球、壁球。多半是藉口慶祝趙微微的出色表現和業績。有時趙微微並不想去，但看到他那誠懇的眼神，又想想他是自己的主管，趙微微不好意思拒絕。而傑夫洛也每次出差都為她帶回些別緻的小禮物，這當然逃不過外人的眼睛。一來二去，難免有人在背後議論趙微微和她的主管，這其中不乏對趙微微的出色表現心懷妒忌者。傑夫洛聽後淡淡一笑，趙微微卻苦惱不已：相戀兩年的男友聽到傳聞後深信不疑（因為趙微微時常晚歸和失約）。他揣測好強的趙微微一定是利用了主管才做出那麼傲人的成績的。趙微微怎麼解釋他也聽不進去。而傑夫洛眼神裡的曖昧也是趙微微一想起來就煩惱。

當外商主管頻頻邀你外出的時候，即使他真的沒有非分之想，你也要小心注意了，因為這往往是以後不尋常關係的前奏。無論什麼時候都要有自己的原則，工作中應該學會服從主管的安排，但其他方面更要學會以誠相待，不卑不亢。拒絕外商貫主管並非一定是壞事，許多時候能讓主管發現你的成熟矜持和個人的尊嚴，讓他對你產生敬重，也有助於抬高你在他心中的地位。如果你實在沒有勇氣拒絕他的邀請，那麼你可拉上朋友、同事，甚至主管太太一起去。

林娟紅在一家規模不大的英國廣告公司工作，主管叫羅奎克。林娟紅的學歷不高，只是裝潢設計專科畢業，但她很有靈氣，憑著直覺和靈感，就設計出了不少優秀的作品。那時公司人手不夠，她和羅奎克既要負責企劃設計，還要承擔一部分市場聯絡工作。他們忙得連星期天都沒有還不說，還經常加班，以至於在公車上拉著扶手站著都能睡著。好幾次晚上做調查，一直到十點多，仍然餓著肚子，兩人在路邊小店湊合一頓接著回辦公室整理結果是常有的事。在同甘共苦中，林娟紅和羅奎克的交情非同一般，她從來不稱他「經理」而是叫他「大頭」，碰到委屈和煩惱，甚至家裡的瑣事，她都樂意向羅奎克訴說。

在她眼裡，羅奎克像她的兄長，又像一位極談得來的朋友，她對這位主管從來就沒有真正敬畏過。她的文字水準不夠好，所以平時那些要求高的「書面」工作，比如充滿說服力的企劃書呀，語出驚人又朗朗上口的文案呀，還有條理清晰能詳盡概括兩人工作成績的報告等等，都出自羅奎克之手。林娟紅心安理得，她想，朋友嘛，這還不是應該的？再說其他方面自己又從來沒偷過懶。羅奎克有時提醒她平時要多注意「充電」，特別是要鍛鍊一下文字撰寫能力，林娟紅往往置之一笑，沒放到心裡去。她的潛意識是：有羅奎克這個朋友式的主管，自己怕什麼？

公司的規模漸漸擴大，林娟紅所在的部門也進了不少新人。後來羅奎克由部門經理做到總監，卻沒有建議讓林娟紅補她的空缺，而是提拔了另一位剛進公司一年的年輕人。林娟紅感到難以接受：她認為自己應該是最合適的人選，別人不了解也罷，難道共事這麼久，羅奎克還不了解她的能力嗎？衝動之中，她很想辭職。

很多人都希望和主管像朋友一樣相處。這往往是一個盲點。因為主管就是主管——特別是外商主管，即使你們關係很不一般，也不意味著對他可以沒有敬畏和恭維。保持適當的距離也很必要——尤其是女下屬和外商男主管。再優秀的人也是普通人，有才華橫溢的一面，也會有平淡無奇的一面，距離可以讓你在主管眼裡顯得更完美。

如果客觀的想想，羅奎克做的也在情理之中。他和林娟紅之間因為太熟，反而失去客觀的判斷，覺得對方懂的和做的沒什麼了不起；經常向他交心的林娟紅，學歷低、理性思維不足、工作情緒化等等不足和性格上的弱點都被他看得清清楚楚，他難免認為她太坦白太幼稚；再者，外國男性及華人女性親密合作了那麼久，單單為了避嫌，他也不會輕易提攜她。

如何應對外商男主管

周麗芳的主管已婚了，卻還一直在打她的主意，周麗芳是美女，姿色還算不錯。大學畢業以後來了都市闖蕩，一開始在一家雜誌社擔任編輯，後來覺得枯燥無味，於是跳槽到了現在的這家企業做辦公室助理，薪資是原來的兩倍，周麗芳才進公司時還對朋友說：「現在的我終於找到了人生的價值，而且主管很看重我。」

可沒過多久，主管就開始對她進行言語挑逗了，色瞇瞇的說，「你的腰哪裡是在走路？簡直就是蜻蜓點水，凌波微步，離遠了看像仙女，離近了看像模特兒，你這個美女在步步要我的命啊！」這個主管嘴裡似乎是嘗到了世間失傳的美味一樣，發出嘖嘖的咽口水聲，一臉的色相。

周麗芳的主管穿著體面，但個子不高，瘦小瘦小的，嘴還有點大。主管的手從來不會輕易的放棄靠近周麗芳的機會，他的手就放在她的腰上，像把手貼在河面上，隨水的波動而規律的起伏，讓她厭惡至極。朋友開始還以為周麗芳與他有些曖昧關係，在現代社會裡男女有些曖昧也不足為奇，儘管幾個好友厭惡，覺得不可思議，美女怎麼會喜歡上這樣的一個男人，是因為他的成功嗎？但想想這也是屬於別人的私生活，所以也就沒有把不悅表露出來。

可周麗芳卻對朋友說，你以為我喜歡他啊？是他一直在纏著我，經常性的進行言語挑逗與行為騷擾，我現在煩不勝煩，不知如何是好？我實在沒辦法了，但又不想失去這份高薪水的工作。

大部分的主管都是男性，所以大部分的女性都是主管的下屬。男人愛漂亮。女人可能是水做的，保護水質就異常關鍵。上帝給予了女人美好的身體，保養就是一種責任了。有保養才有健康，才有和男人一起打拼天下的資本。特別是在工作場合，如果你成天一副痛苦相，別人看著也難受，還覺得你矯情，你不是給自己為難嗎？其實，還有一種公用的最美麗的武器，那就是：快樂！快樂的含義無須多說，因為你明白，快樂是你從事所有工作的基礎。

辦公室裡不化妝的女人就像不修邊幅的男人一樣，會遭到無數白眼。除了不尊重他人以外，這展現了個人的生活態度。一些女性喜歡濃妝，口紅好像在流淌，脂粉彷彿雪花飄揚，這樣也不好。還有一些女性喜歡非常濃烈的香水，把整個辦公室都淹沒在女人的味道裡。只有不正經的主管才會喜歡，正經的主管通常是表示反感的。

美麗比漂亮受歡迎。美麗源自豐富的內涵，源自自信、自尊、自強。

自信，每個人都需要，可是對於女性就更加重要。雖然現在已經解放好多年了，女性還有許多弱勢的。好多人還認為撫養兒女主要是女人的事，家務瑣事非女人莫屬。千辛萬苦的工作，好不容易事業有一點成就，還要遭到男人壞分子的不斷打擊。下面的人總是不服氣，所以氛圍很緊張，要想再做出什麼成績就更加難了。男主管是不會因為你是女人就改變競爭規則的。他希望每個人都在同一條起跑線上開始，然後所有的人都可能成為第一。

自尊。為了取得工作和晉升的機會而鋌而走險的女性不是沒有的，破壞家庭，也破壞公司的規則。一般說來，用金錢買女人的男人也容易被女人收買。商人是要做生意，是要賺錢的。他給你機會了，你還給他的不是機會。這是不對等的交易，一定有陰謀，有問題。

自強。沒有自強，哪還有自信和自尊？在大街上你可以遇到數不清的甘願作為「內人」的女性，雖然他們也從事IT或者管理諮詢等白領工作，思想意識似乎比較開放和進步。她們根本沒有思考如何去贏得社會地位，沒有思考人生價值的問題。男性主管如果要重用一名女員工，她必定有遠大的抱負，有堅韌的意志，她不斷學習，充實自己。

管志娟怕主管比爾李，就像老鼠怕貓。只要一接近比爾李的氣場，她就感覺到一股高壓，喉嚨發澀，心怦怦直跳，身體裡的能量似乎也被抽走了。對主管，管志娟能躲就躲，在辦公大樓下面看到比爾李的 BMW 座駕，一定遠遠繞著走。有一個讓人如此恐懼的強勢主管，管志娟覺得工作簡直是在坐牢。

郭紅是中層員工，她的外商主管也很強勢，那是一種無形的壓力，總是讓你意識到你沒有做到完美；同時，郭紅還要面對手下的十幾人，壓力也要「轉嫁」下去，自然經常聲色俱厲。她一方面怕強勢的主管，一方面自己對下屬也很凶……

誰沒有遇到過強勢的主管呢？這類「大頭」的大部分特徵是：下達不可能的任務、在最後一刻推倒重來、自以為是、濫用權威、情緒化、傷害下屬的自尊心……遇到這樣的主管，我們的普遍反應是恐懼、逃避、疏遠，甚至在工作中不能發揮出應有的能力和水準。應對這類外商主管有以下方法：

開誠布公式：這種方式要求員工有什麼想法或意見能進行及時直接的溝通，應以解決問題為導向，直接把問題放到桌面上來談，並將自己對該問題的看法、理解以及自己所認為合適的解決方法全盤托出，在徵求主管的意見以後，去執行以解決問題。

先斬後奏式：這種方式是員工在發現問題以後，由於主客觀原因的影響使得他們並不是先向主管彙報，而是自己直接將問題解決掉，然後把分析問題的方法、具體的解決方案、實施的過程等做一個詳細的彙報總結上交給公司主管。此種方式能非常直接的展現出員工的建設性、主觀能動性和創造性，如果問題解決得圓滿的話，就很容易在主管心目中留下深刻的印象，對於員工以後的升遷和發展就會非常的有利。

「含情脈脈」式：在很多時候，作為員工可能任勞任怨、辛辛苦苦的做了很多的事情，但他認為也許主管並沒有注意到他的工作能力和業績，這種時候，如果你作為員工赤裸裸向主管提出要求，可能反而適得其反。此時如能採取「含情脈脈」的方式，透過交流一些工作上的問題來含蓄的表達出自己個人要求，也許就能更容易獲得主管的認同和讚賞。

「指桑罵槐」式：在企業溝通上，是指員工透過對一些經典的事例或生活中比較典型的事情進行一些評介，得出自己的評判標準，而其實質上是「醉翁之意不在酒」，是想透過這種典型事例來暗示自己對公司某件事情的個人看法，或暗示自己的一些要求。

以上四種方法，各有各的特點，並且適用於不同類型的企業和主管。比如說歐美企業，他們的企業文化更欣賞睿智、個性的員工，這個時候，員工就應該採取以上第四種方法，透過典型事例來暗示自己的要求和想法，而主管在揣測出你的真實意圖之後，也許會莞爾一笑，反而欣賞你的這種智慧和幽默。當然，歐美企業也不是都是喜歡只此一種溝通方式，對於微軟等一些希望員工更富有熱情、創造力的企業來說，他們也許更喜歡你用第一種方式來表達出你的見解。

你可以仔細分析一下，到底用哪種方式溝通比較好。明白嗎？能夠跟主管相處的好，有可能是一筆很大財富喲！努力吧！

不讓外商主管討厭你

如何讓外商主管喜歡你？一直是外商員工的不懈追求。在此，我們可以告訴你：一般外商主管不愛談家世，由於出身不好，在社會上得不到相對的職務而自感羞愧這類狀況，對於外商主管來說是不存在的。靠上代留下的遺產過日子，他們也不感到光彩。雖然許多歐美企業對「空降部隊」寄予厚望，當公司遇到困境或業務變更時，會從其他企業「挖」過來一名成功的經理人，來擔負起改變公司命運或承擔新業務開拓的重任。如果在任期之內業績不能達到公司的期望，一樣會面對新的調整和變化。而出身平凡，從最底層進來的員工，如果真正有能力，一樣會受到特別的提拔和重用。所以，無論你身處何境，你也不要表現出過於自負和過於自卑，這都是很忌諱的表現。

你不一定事事都唯命是從，你可以向主管「開火」。你需要扭轉的想法：因為他是我的主管，所以他說什麼都是對的，我一定要服從。如果您這是在日本公司，需要對主管畢恭畢敬，這樣做就對了。但對別的外商主管並不適宜，特別是美國、德國、英國等國家。英國主管可以說是最開放豁達的主管。在這裡，你是公司的一員，你有權利說話，有權利發表你的意見。美國主管最不喜歡唯唯諾諾，沉默的員工，特別是那種開會的時候三緘其口，就算問到他頭上也說「我沒有意見」的人。他們會想，每一個人都有思想，怎麼會沒有意見呢?沒有意見只能說明你對公司的事情根本不關心,只有把公司當成自己的公司的人,才是一個優秀的員工。因此面對一個美國主管時,你不一定事事都唯命是從,如果你有比上級更好的想法和意見,你完全可以成為對方的「上級」,對方反倒會佩服你。所以,在外商公司工作,凡事要有自己的主見。面對一件事,要先想想如果讓自己來處理,我該怎麼做?

你做了什麼,哪怕是一點點,都可以要求回報。你需要扭轉的想法:為了不讓公司覺得我斤斤計較,還是大公無私點好吧,權當奉獻了。

如果不懂得為自己爭得相對的回報,連主管都會看低你。自己付出了勞動,就要相對的得到報酬。這些都可以在雙方開始合作之前談清楚,同意則做,不同意則罷。如果主管讓你加班,你可以當著主管的面把你加班的條件說清楚,事情就是這麼簡單。而且這種做法會得到美國主管的稱讚,因為這一行為極具商業意識。小到個人,大到公司,在外商主管眼裡,只有懂得為自己爭取權益的人,才會實實在在的為公司爭取。還有,在工作中制定工作計畫,提出有關方案,一定要注意,這些方案在打敗競爭對手後,能不能為公司創造財富,這是非常重要的。雖然外商主管很重視投資,但投資後的回報是有期望值的。

其他值得特別注意的事情:首先外商主管不喜歡在談判前先描述整個商業環境,他們喜歡一個一個的解決問題。因此,應當迅速切入實際,確定可預測的短期目標。辦事迅速是一種美德，外商主管在商業活動中注重快速取得成功，他們希望對方在十分鐘內開始談正題。其次認真研究外商主管的特點，注意保持計畫的靈活性和實用性。外商主管受一種很強的企業家精神推動，它尋求挑戰，而不是謹慎行事。比如：美國人偏愛事後可以修補的實用的解決方法。此外，工作時精力充沛、開朗爽快、無拘無束；與別人商談，永遠稱呼「我們公司」。這些特點都是讓外商主管不討厭你的最良好的方法。

張美紅是個活潑開朗的女孩子，學業也很出色。畢業時她戰勝了眾多的競爭對手，被一向「重男輕女」的出版社錄用。半年前，喜愛嘗試新事物的她又跳槽到了一家中等規模的網路公司，當然，令人羨慕的高薪也是她來這裡的一個原因。沒想到，一切全不像預料的那麼美好。因為不久她就發現，自己有個脾氣暴躁、行為古板、長著一臉大鬍子的外商男主管。

平時經常愛翻翻時尚雜誌的張美紅，穿著自然不乏新潮和前衛感：薄紗的連衣裙、小碎紋的百褶裙、改良後的中式旗袍，還有雪紡印花裝……她的風格一向是浪漫多變的。在這方面以前出版社的女主管是她的知音，而現在這位嚴肅的外商男主管從一開始就表現出反感，多次提醒她要注意自己的形象。張美紅根本沒放在心上，她想這又不是銀行、政府機關、法院，穿那麼中規中矩做什麼?既然互不欣賞，她在許多方面表現出對主管的冷淡和疏遠：凡可以電話請示的，就不和他正面接觸。主管向她交代工作，講完了她轉頭就走，沒有表情，也沒有多餘的話。

這以後主管對張美紅的印象似乎特別差，她稍有過失便惹得他大發雷霆。明明是他告訴的傳真號碼不對，他倒怪張美紅發錯了地方；週末到了，張美紅早已跟朋友約好要去好好玩一玩，可下班時間剛到，主管就急急忙忙走過來，毫無商量餘地的說：「有項急件，你必須加班。」張美紅剛把忙了幾天才寫好的報告交給他，興沖沖的把辦公室桌上的文件整理妥當，正準備去吃飯，卻看見主管氣沖沖的從辦公室走出來，把剛才的報告扔回桌上，當眾指出其中錯誤的地方，要她馬上修改。對主管的責罵，她感到又驚又怒，甚至很想跟他大吵一頓，以泄怨憤……

要知道，外商男主管對女下屬的看法往往會走極端，要麼特別欣賞，要麼看不慣甚至深惡痛絕，這裡面，服裝儀容也有很大影響。

工作以外的時間，盡可以把自己打扮得純情、華麗或者性感，但在辦公室就不同了，要盡量在穿出自己個性的同時，迎合主管的風格。難是難了點，但你會獲得意想不到的讚譽和好感，也能使自己一進辦公室就馬上定下心來，冷靜的展開工作，而省略不必要的麻煩。本來不喜歡某人可以與他疏遠，但如果疏遠主管，會使兩者之間越來越不信任，也會使自己的處境越來越糟。

電子書購買

與主管相處的必備通靈術：我在哪？我是誰？主管講什麼我為什麼都聽不懂！/ 俞姿婷，宋希玉著 . -- 第一版 . -- 臺北市：崧燁文化事業有限公司，2021.07
面； 公分
POD 版
ISBN 978-986-516-628-1(平裝)
1. 職場成功法 2. 溝通技巧 3. 人際關係
494.35 110004739

與主管相處的必備通靈術：我在哪？我是誰？主管講什麼我為什麼都聽不懂！

臉書

作 者：俞姿婷，宋希玉
發 行 人：黃振庭
出 版 者：崧燁文化事業有限公司
發 行 者：崧燁文化事業有限公司
E-mail：sonbookservice@gmail.com
粉 絲 頁：https://www.facebook.com/sonbookss/
網 址：https://sonbook.net/
地 址：台北市中正區重慶南路一段六十一號八樓 815 室
Rm. 815, 8F., No.61, Sec. 1, Chongqing S. Rd., Zhongzheng Dist., Taipei City 100, Taiwan (R.O.C)
電 話：(02)2370-3310 傳 真：(02) 2388-1990
印 刷：京峯彩色印刷有限公司（京峰數位）

定 價：360 元
發行日期：2021 年 07 月第一版
◎本書以 POD 印製